EDITION OLDTIMER MARKT

Des Hammill

Praxishandbuch Nockenwellen

VERSTEHEN • PFLEGEN • OPTIMIEREN

HEEL

Impressum

HEEL Verlag GmbH
Gut Pottscheidt
53639 Königswinter
Telefon 0 22 23 / 92 30-0
Telefax 0 22 23 / 92 30 13
Mail: info@heel-verlag.de
Internet: www.heel-verlag.de

Der Originaltitel „How To Choose Camshafts & Time Them For Maximum Power" ist erschienen bei:
Veloce Publishing Ltd.
Parkway Farm Business Park,
Middle Farm Way
Dorchester DT1 3AR
England

Deutsche Übersetzung:
Lorenzo Béjar-Kretschmann

Titelbild: Andreas Beyer
Satz und Gestaltung: HEEL Verlag GmbH

Printed in Slovakia

ISBN 978-3-86852-808-4

Warnhinweis:
Dieses Buch soll Hilfe zur Selbsthilfe sein. Die hierin veröffentlichten technischen Ratschläge entsprechen nicht immer den üblichen Handwerksregeln.
Für etliche technische Ratschläge in diesem Buch wird handwerkliches Grundwissen vorausgesetzt, ohne das man die entsprechenden Arbeiten nicht angehen soll.
Im Zweifelsfall sollte man vor Durchführung von technischen Arbeiten immer einen geschulten Spezialisten zu Rate ziehen und die Arbeiten nicht selbst durchführen.
Etliche Ratschläge können bei fehlerhafter Ausführung unter bestimmten Umständen zu erheblichen Folgeschäden führen.
Autor, Übersetzer und Verlag lehnen daher ausdrücklich jede Haftung für die veröffentlichten Arbeitsanweisungen und daraus gefolgerte Schlüsse ab. Für alle anhand dieses Buches ausgeführten Arbeiten übernimmt der durchführende Schrauber, Bastler oder Mechaniker das alleinige und uneingeschränkte Risiko. Ebenso ist die Haftung des Autors, Übersetzers und Verlags für Druckfehler, Schreibfehler und sachliche Fehler jeder Art ausdrücklich ausgeschlossen.

Bei dem vorliegenden Handbuch handelt es sich um eine Übersetzung aus dem Englischen.

INHALT

EINLEITUNG

Dieses Buch soll allen, die einen Viertaktmotor herkömmlicher Bauart modifizieren möchten, ausführliche Informationen für die Auswahl der richtigen Nockenwelle für jeden Einsatzzweck liefern. Außerdem enthält es ausführliche Anleitungen zur Einstellung von Nockenwellen für die Erreichung des maximalen Wirkungsgrades und der optimalen Leistung des Motors. Alle Viertaktmotoren werden behandelt, also ältere Konstruktionen mit Y-Kanälen, Motoren mit Einzelkanälen, Stoßstangenmotoren, Motoren mit einer oder mit zwei obenliegenden Nockenwellen, Motoren mit zwei oder vier Ventilen pro Zylinder, Motoren mit großem und kleinem Zylindervolumen, Motorrad- und Pkw-Motoren.

Werden Nockenwellen in einen leistungsstarken Motor eingebaut, sollte nicht davon ausgegangen werden, dass sie richtig gesteuert werden, nur weil die Steuerungsmarkierungen übereinstimmen. Es gibt zu viele Variablen, die eine allgemeingültige Aussage verhindern. Bei mangelhafter Steuerung der Nockenwelle kann viel Motorleistung verloren gehen. Außerdem können die vom Nockenwellenhersteller vorgegebenen Einstellungen manchmal noch verbessert werden, indem die Nockenwelle gegenüber der empfohlenen Standardeinstellung ein wenig vor- oder nacheilt.

Öffnungszeit, Ventilhub und die Öffnungs- und Schließgeschwindigkeiten der Ventile wurden so verfeinert, dass heute kein großer Entwicklungsaufwand mehr betrieben wird, um Profile für die verschiedenen konventionellen Ventilmechanismen zu verbessern oder neue Profile zu erstellen.

Viel zu viele Motoren haben jedoch Nockenwellen, die für die entsprechende Anwendung nicht geeignet sind. Weiterhin werden Nockenwellen oft ohne Beachtung der Öffnungs- und Schließpunkte oder des Steuerpunktes bei maximalem Ventilhub in Bezug auf die Kolben- und Kurbelwellenbewegung eingebaut.

Die Nockenwelle muss an die entsprechende Anwendung angepasst werden. Es hat keinen Zweck, eine Nockenwelle mit 315 Grad Öffnungswinkel einzubauen, die zwischen 4500 und 7500/min Leistung entwickelt (an die Nocke kommt), wenn der Motor tatsächlich die meiste Zeit zwischen 3000 und 6500/min dreht. Bei solch einem Aufbau funktioniert der Motor bei weitem nicht so gut, wie er es täte, läge die Leistung weiter unten im Drehzahlbereich an (irgendwo bis 4500/min). Zwischen 4500 und 6500/min erzielt er keine bessere Leistung als mit einer guten Nockenwelle, die 285 Grad Öffnungswinkel aufweist.

ZUR VERWENDUNG DIESES BUCHES

Im gesamten Buch wird vorausgesetzt, dass ein spezielles Werkstatthandbuch für Ihren Motor zur Verfügung steht, in dem alle Einzelheiten zu Ausbau, Wiedereinbau, Einstellverfahren, Abständen und Anzugsmomenten beschrieben sind. Dieses Buch geht von der Standardspezifikation des Herstellers für Ihren Motorentyp aus. Falls also ein Verfahren nicht beschrieben, ein Maß nicht angegeben ist oder ein Anzugsmoment fehlt, können Sie davon ausgehen, dass das Standardverfahren des Herstellers für Ihren Motor anzuwenden ist.

Sie werden erkennen, dass es hilfreich ist, das gesamte Buch zu lesen, bevor Sie mit der Arbeit beginnen oder der von Ihnen beauftragten Firma Anweisungen erteilen. Das liegt daran, dass eine Modifikation oder Änderung der Spezifikation in einem Bereich Änderungen in anderen Bereichen erforderlich machen kann. Verschaffen Sie sich ein Gesamtbild, so dass Sie die Vorgaben und die Anforderungen an die Komponenten soweit wie möglich ausarbeiten können, bevor mit der Arbeit begonnen wird.

Für jene, die noch mehr Informationen über Vierzylindermotoren, Zündsysteme, Weber/Dell Orto Horizontalvergaser und Arbeiten am Zylinderkopf wünschen, verweisen wir an dieser Stelle auf die entsprechenden Titel, die im HEEL Verlag bereits erschienen sind (www.heel-verlag.de).

Wichtiger Hinweis

Dieses Buch enthält Informationen über praktische Verfahren. Allerdings sind diese Informationen nur für Personen mit den entsprechenden Qualifikationen, Erfahrungen, Werkzeugen und Einrichtungen zur gefahrlosen und fachgerechten Durchführung der Arbeiten gedacht. Bei der Arbeit an einem Fahrzeug oder an einer Komponente ist stets zu beachten, dass die persönliche Sicherheit oberste Priorität hat. Verlag, Autor, Übersetzer und Händler dieses Buches können nicht für Personen- oder Sachschäden haftbar gemacht werden, die aus der Verwendung dieses Buches resultieren, selbst wenn sie durch Fehler in den enthaltenen Informationen respektive durch fehlende Informationen verursacht werden. Ist dieser Haftungsausschluss für Sie nicht annehmbar, nehmen Sie Abstand vom Kauf dieses Buches.

Der Hinweis **Warnung!** in diesem Buch bedeutet, dass ein Verfahren Verletzungen verursachen könnte und der Hinweis **Vorsicht!** bedeutet, dass die Gefahr mechanischer Schäden besteht, wenn die erforderliche Sorgfalt nicht angewendet wird. Bedenken Sie aber, dass wir nicht jede mögliche Gefährdung unter allen Umständen vorhersehen können.

Außerdem ist zu beachten, dass eine Änderung der Komponentenspezifikation durch Modifizierung wahrscheinlich Garantien nichtig macht und Hersteller aus jeglicher Verantwortung für einen eventuellen Komponentenausfall und dessen Folgen entlässt.

Die Erhöhung der Motorleistung belastet Motorkomponenten und den kompletten Antriebsstrang des Fahrzeugs zusätzlich. Dies kann zur Verkürzung der mechanischen Lebensdauer und zu häufigeren Defekten führen. Außerdem bedeutet eine Erhöhung der Motorleistung und damit der Leistung des Fahrzeugs, dass die Brems- und Aufhängungssysteme des Fahrzeugs in einem perfekten Zustand gehalten und entsprechend verstärkt werden müssen. Zudem ist es normalerweise erforderlich, die Versicherung des Fahrzeugs über Änderungen an dessen technischen Daten zu informieren.

Die Bedeutung einer gründlichen Reinigung von Komponenten vor irgendwelchen Arbeiten kann nicht genug betont werden. Halten Sie Ihren Arbeitsbereich und die Werkzeuge so sauber wie möglich. Egal welche Spezialreiniger oder Chemikalien Sie verwenden – befolgen Sie stets alle Anleitungen des Herstellers. Verwenden Sie Benzin oder Kerosin für die Reinigung von Teilen, ergreifen Sie alle notwendigen Vorkehrungen zum persönlichen Schutz und zur Vermeidung aller Brandrisiken.

KAPITEL 1

Terminologie

„Öffnungszeit“ und „Hubhöhe“ sind die am häufigsten verwendeten Begriffe, wenn es um Nockenwellen geht. Das geht fast so weit, dass alle anderen Aspekte vernachlässigt werden. Es gibt verschiedene Bezeichnungen, die verstanden werden müssen, damit alle anderen Faktoren beim Kauf einer Nockenwelle oder bei der Arbeit an Nockenwellen berücksichtigt werden können. Außer den hier erwähnten Begriffen gibt es noch weitere, aber sie sind für den Kauf einer Nockenwelle respektive für deren Einstellung nicht erforderlich. Diese erwähnten Bezeichnungen sind die wirklich wichtigen.
Verschiedene Begriffe und Abkürzungen werden in diesem Buch ab dieser Seite durchweg verwendet. Die folgenden Abkürzungen haben mit der Position der Oberkante des Kolbens in Bezug auf eine rotierende Kurbelwelle zu tun:

OT – oberer Totpunkt (Kolben am höchsten Punkt)
UT – unterer Totpunkt (Kolben am tiefsten Punkt)
vOT – vor dem oberen Totpunkt (Kolben bewegt sich nach oben)
nOT – nach dem oberen Totpunkt (Kolben bewegt sich nach unten)
vUT – vor dem unteren Totpunkt (Kolben bewegt sich nach unten)
nUT – nach dem unteren Totpunkt (Kolben bewegt sich nach oben)

An den einzelnen Nocken der Nockenwelle gibt es mehrere Bereiche, die eindeutig unterschieden werden müssen. Dies sind Ferse, Nase, Grundkreis, Öffnungs- und Schließrampen sowie die Flanken der Nocken auf der Nockenwelle. Außerdem hat eine Nockenwelle Hauptlagerzapfen und einen Kerndurchmesser. Im gesamten Buch wird Bezug auf diese Begriffe genommen. Allerdings werden die Rampen und Flanken der Nocken am seltensten erwähnt, und man braucht über sie auch am wenigsten zu wissen.

Öffnungszeit (Öffnungswinkel)

Darunter versteht man den Winkel in Grad Kurbelwellenumdrehung (Grad KW), über den die Ventile im Viertakt-Zyklus tatsächlich offen respektive von ihren Sitzen abgehoben sind. Obwohl die Nockenwelle mit halber Motordrehzahl rotiert, werden die Nockenwellen-Öffnungswinkel stets in Grad der Kurbelwellenrotation gemessen. Nockenwellenwinkel werden bei unterschiedlichen Hubhöhen des Stößels oder Nockenfolgers gemessen. Für die gleiche Nockenwelle können also Öffnungswinkel angegeben sein, die sich geringfügig unterscheiden. Dies ist ein wenig verwirrend oder gar ärgerlich, da es keinen wirklichen Standard in der Nockenwellenbranche gibt, mit dem alle Nockenwellen mit anderen, ähnlich geschliffenen Produkten verglichen

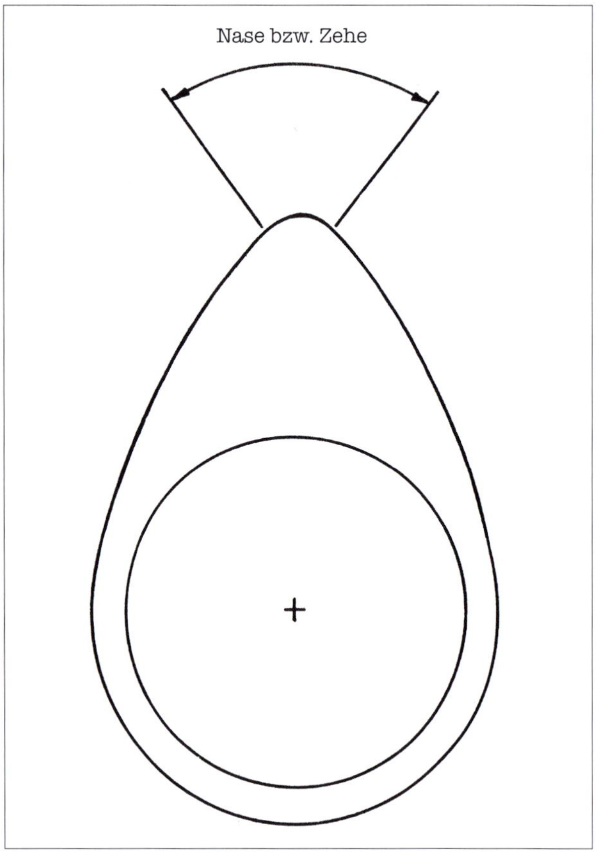

„Zehe“ oder „Nase“ eines Nockens

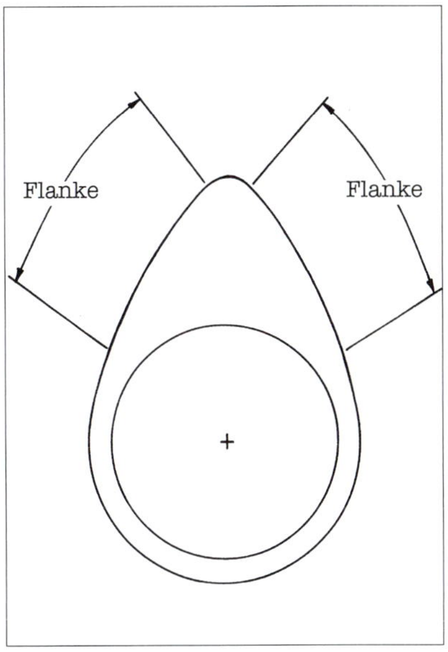

„Flanken“ eines Nockens

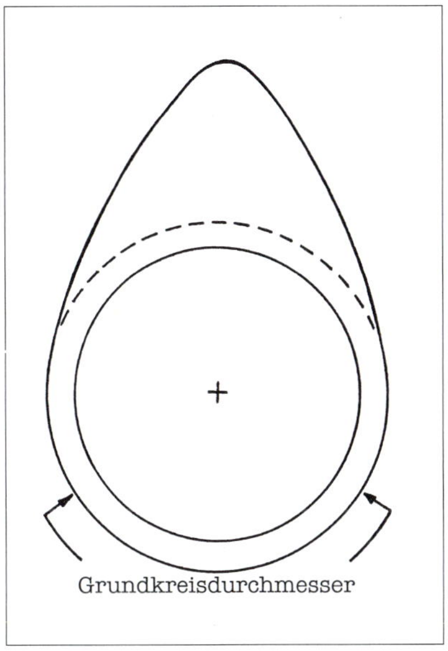

Grundkreis eines Nockens (beinhaltet die gestrichelte Linie)

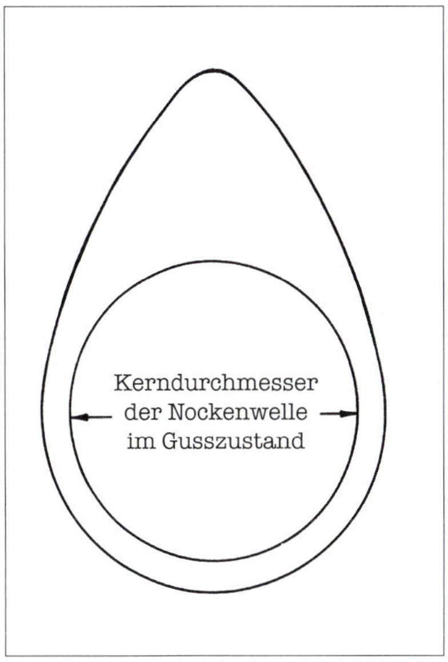

Kerndurchmesser der Nockenwelle im Gusszustand

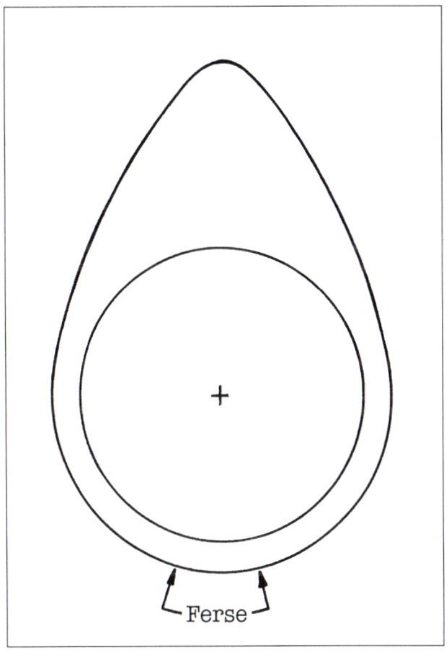

„Ferse“ eines Nockens

Hauptlagerzapfen der Nockenwelle

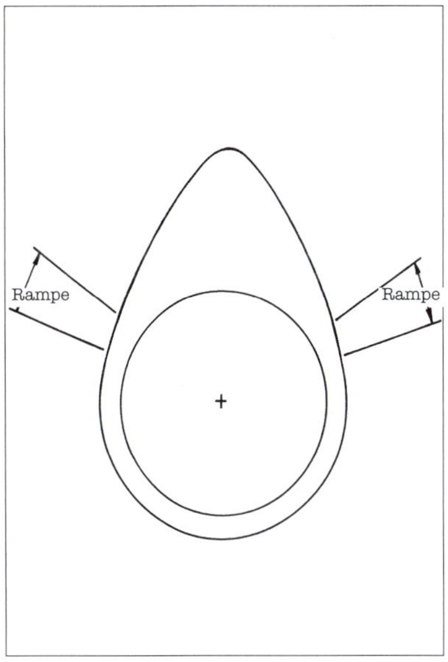

„Rampen“ eines Nockens

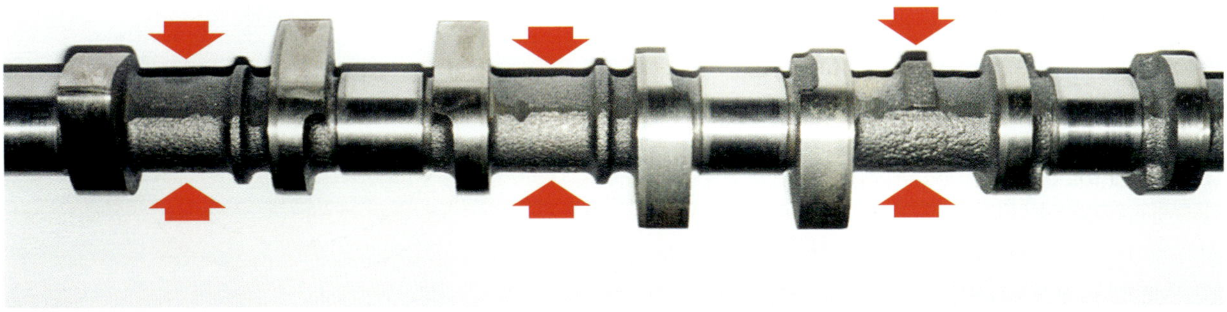

Kerndurchmesser der Nockenwelle im Gusszustand.

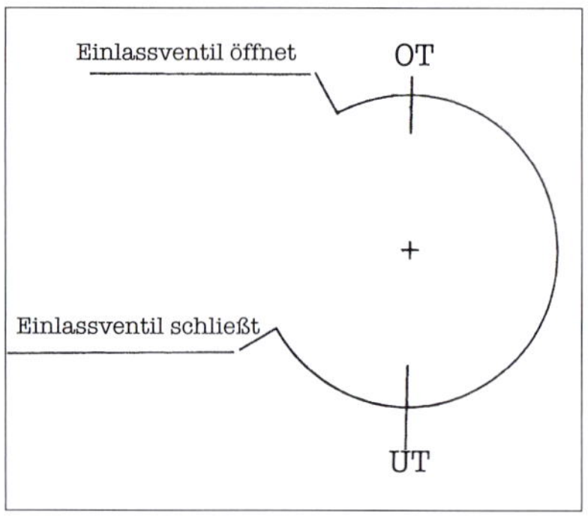

Allgemein verwendetes Diagramm zur Darstellung der Öffnungs- und Schließpunkte der Einlassventile

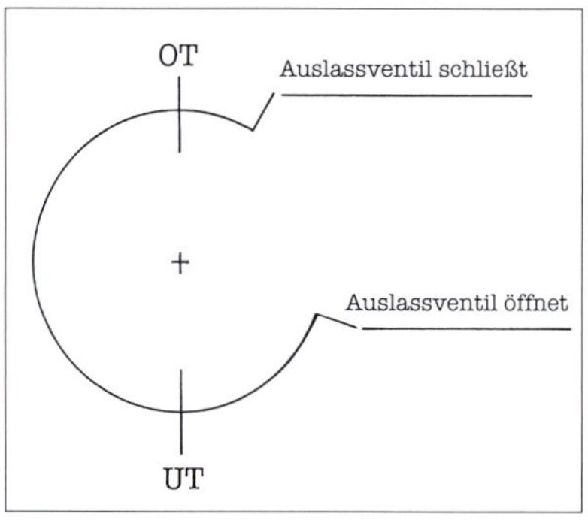

Allgemein verwendetes Diagramm zur Darstellung der Öffnungs- und Schließpunkte der Einlassventile

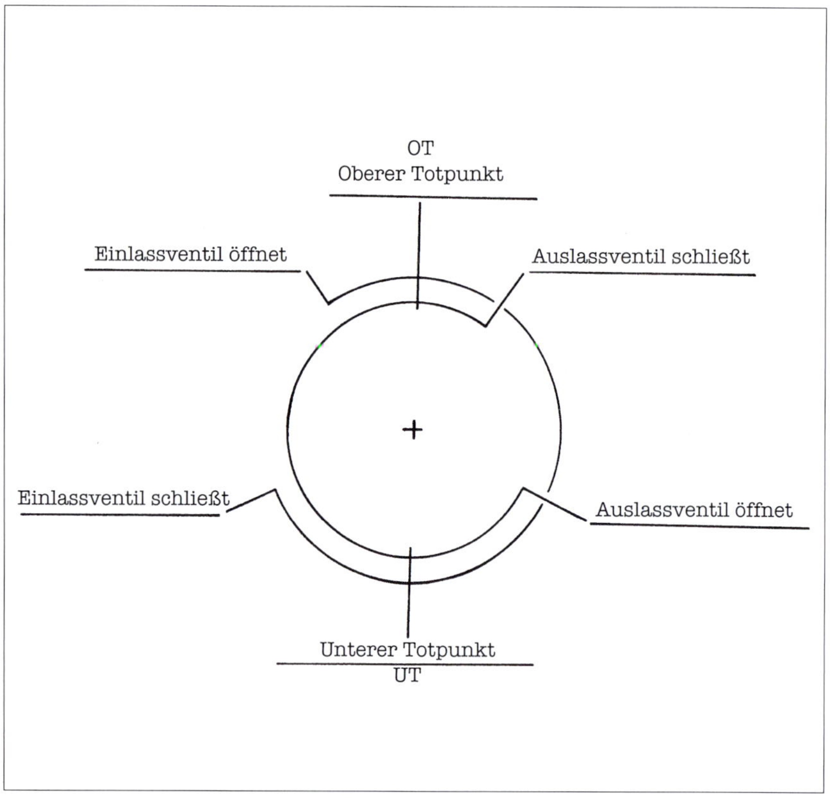

Diagramm zur gemeinsamen Darstellung der Ein- und Auslasssteuerzeiten. Der Innenkreis, der den Auslasstakt darstellt, ist kleiner als der Einlasskreis.

werden können. Es hängt davon ab, wer die Öffnungszeit misst und ab wo sie gemessen wird. Im Grunde meinen jedoch die meisten Leute, die über den Öffnungswinkel sprechen, jenen Winkel in Grad von dem Moment, an dem das Ventil seinen Sitz verlässt, bis zu dem, an dem es schließt. Im Allgemeinen gilt: Solange Sie den Winkel, über den das Ventil aus seinem Sitz ausgehoben ist, in etwa kennen, kann es nicht passieren, dass Sie die falsche Nockenwelle für Ihre Anwendung kaufen.

Das mitgelieferte Diagramm wird fast überall verwendet und zeigt die Öffnungs- und Schließpunkte des Einlassventils und des Auslassventils. Es gibt gewisse Unterschiede bezüglich der Stelle, von der an die Nockenwelle auf der Basis des so genannten Prüfhubs gemessen wird, aber im Allgemeinen sagt Ihnen dieses Diagramm, was Sie wissen müssen und hilft Ihnen bei der Bewertung einer Hochleistungsnockenwelle. Der Einfachheit halber sind die Öffnungs- und die Schließpunkte der Ein- und der Auslassventile stets im gleichen Diagramm des Nockenwellenherstellers dargestellt.

Phasenlage (Spreizung)

Dies ist die Beziehung der Öffnungszeit der Ein- und Auslasstakte zueinander. Es gibt zwei Möglichkeiten zur Beschreibung der Nockenwellen-Phasenlage.

Die erste verwendet die Öffnungs- und Schließpunkte der Ein- und der Auslassventile. Auch wenn diese Methode nicht immer absolut genau ist, wird sie am häufigsten für die Beschreibung der Nockenwellen-Phasenlage verwendet, und dies liegt zweifellos an der durchgängigen Nutzung des Standarddiagramms zur Öffnungszeit in den vergangenen 50 Jahren. Im Grunde haben wir uns alle an diese Methode für die Darstellung der Öffnungszeit und der Phasenlage gewöhnt.

Die zweite Methode zur Beschreibung der Phasenlage nutzt den Winkel zwischen den Vollhubpunkten der Ein- und der Auslassventile. Diese Methode ist absolut genau, aber nicht so geläufig, weil sie nicht so leicht zu verstehen ist. Folglich wird sie in diesem Buch nicht behandelt, um Komplikationen zu vermeiden. Der Winkel, der zwischen der Vollhubposition des Einlassnockens und der Vollhubposition des Auslassnockens gebildet wird, empfiehlt sich allerdings für die genaue Angabe der Nockenwellen-Phasenlage.

Öffnungszeit und Phasenlage (Spreizung)

Diese beiden Faktoren hängen immer zusammen, wenn es um das Thema Nockenwellen geht. Die Öffnungszeit (gemessen in Grad Kurbelwellenposition) ist der Winkel, über den sich die Ventile außerhalb ihrer Sitze befinden, und die Phasenlage ist grundsätzlich die Beziehung zwischen Öffnen und Schließen der Einlassventile und Öffnen und Schließen der Auslassventile (respektive das Verhältnis zwischen maximalem Hub des Einlasstakts und maximalem Hub des Auslasstakts). Hinsichtlich der Öffnungszeit besteht etwas Verwirrung, wenn Nocken bei leicht unterschiedlichen Öffnungs- und Schließhöhen gemessen werden. Allerdings besteht immer nur eine relativ kleine Diskrepanz zwischen den Nockenwellenherstellern und -schleiffirmen. Diese beiden Faktoren sind zusammen mit dem Ventilhub das universelle Maß der Nockenwelle, und das zu Recht.

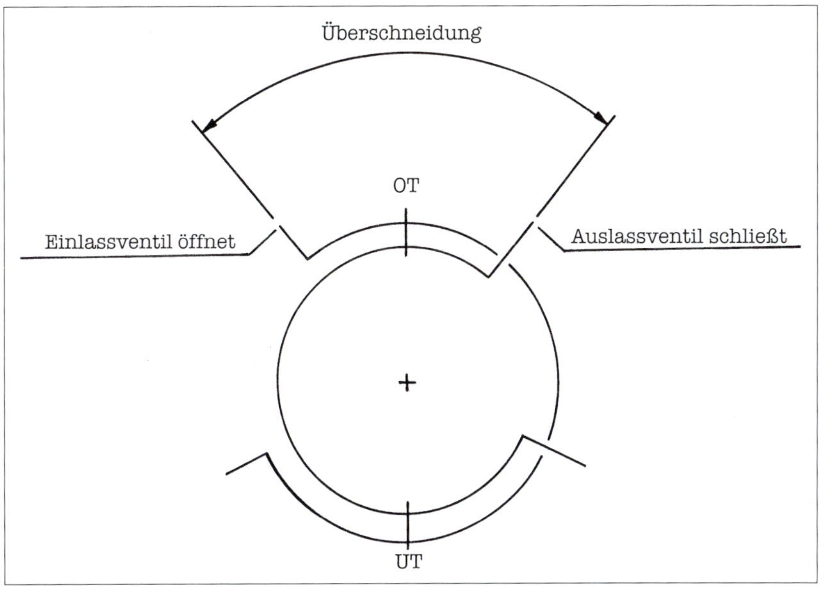

Einlass- und Auslassventil sind beide offen, wenn sich das Einlassventil gerade öffnet und das Auslassventil gerade schließt.

Ventilhub

Dies ist der Begriff, der für den maximalen Betrag des Hubs (also für den größten Weg, den das Ventil von seinem Sitz aus zurücklegt) verwendet wird. Diese Zahl variiert je nach Nockenwellenprofil und Motortyp.
Die meisten modifizierten Vier- und Sechszylindermotoren weisen einen allgemeinen Ventilhubbereich von 9,5 mm bis 14,0 mm auf, während größere Motoren, etwa V8-Motoren US-amerikanischer Bauart, einen allgemeinen Ventilhubbereich von 11,5 mm bis 16,5 mm haben. Es besteht ein gewisser Zusammenhang zwischen dem Ventilhub und dem Tellerdurchmesser der Ventile, speziell der Einlassventile.

Motoren mit Einlassventildurchmesser 35,5 mm bis 38,1 mm haben einen Hubbereich von etwa 10,0 mm bis 12,0 mm.

Motoren mit Einlassventildurchmesser 44,5 mm bis 47,6 mm haben einen Hubbereich von etwa 10,7 mm bis 14,0 mm.

Motoren mit Einlassventildurchmesser 50,7 mm bis 57,3 mm haben einen Hubbereich von etwa 12,0 mm bis 16,5 mm.

Nockenhub

Nur weil die Ventile einen bestimmten Hub haben, bedeutet dies nicht, dass der Nocken den gleichen Hubbetrag hat. Obengesteuerte Motoren mit Ventilstoßstangen (OHV-Motoren) arbeiten fast immer mit einer Kipphebelübersetzung. Hat ein Nocken beispielsweise einen Hub von 7,1 mm, hat das Ventil einen tatsächlichen Hub von 10,0 mm, weil der Nocken das Ventil über einen Kipphebel bewegt, der eine Übersetzung von 1,65:1 aufweist. Die Kipphebelübersetzung unterscheidet sich von Motor zu Motor, liegt aber normalerweise im Bereich von 1,25:1 bis 1,75:1. Bei manchen Anwendungen kann die Kipphebelübersetzung verändert werden, aber nicht bei allen. Manchmal kann eine zu große Änderung der Kipphebelübersetzung (etwa Rollenkipphebel mit großer Übersetzung) überhaupt keine Steigerung der Motorleistung bewirken. Das liegt daran, dass der Motor mit dem Original-Kipphebelsatz den optimalen volumetrischen Wirkungsgrad (Zylinderfüllung) erreicht. Das Ventil wird nicht nur höher,

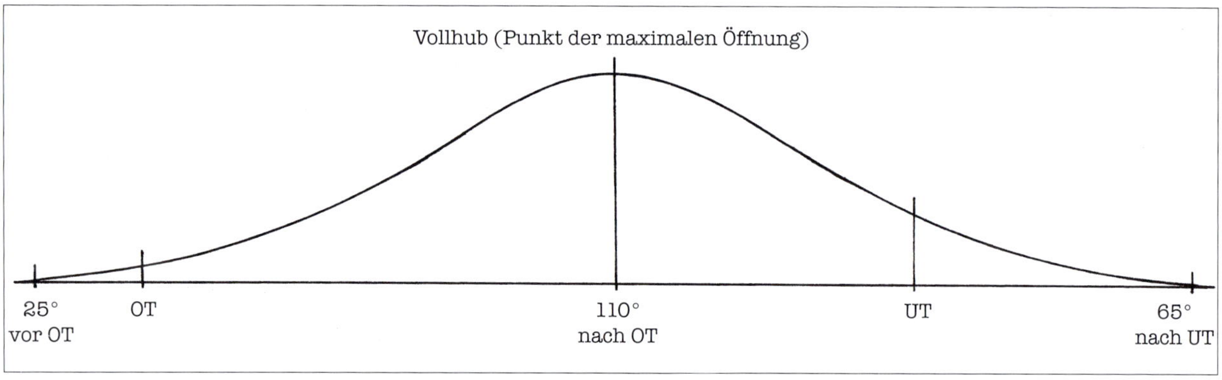

Typischer Verlauf der Erhebung eines Einlassventils. Dieses Beispiel stellt eine Nockenwelle mit 270 Grad Öffnungswinkel und den Steuerzeiten 25-65-65-25 dar.

sondern auch schneller pro Grad Nockenwellenrotation angehoben. Innerhalb der Grenzen mechanischer Zuverlässigkeit ist dies eine Win-Win-Situation. Für den Betrag, um den die Kipphebelübersetzung erhöht werden kann, gibt es stets mechanische Grenzen.

Einige Motoren mit einer obenliegenden Nockenwelle verwenden Schlepphebel, die mit einer variablen Kipphebelübersetzung funktionieren, indem die Nase des Nockens über einen Kontaktblock wischt (der Punkt des tatsächlichen Nockenkontakts ist nicht immer derselbe). Solche Motoren haben grundsätzlich nicht änderbare theoretische Kipphebelübersetzungen, die normalerweise im Bereich von 1,5:1 bis 1,7:1 liegen.

Manche Motoren mit einer obenliegenden Nockenwelle und alle Motoren mit zwei obenliegenden Nockenwellen (respektive Motoren mit zwei obenliegenden Nockenwellen pro Zylinderreihe) haben direkt wirkende Nocken. Das bedeutet, dass der Nennhub der Nocken auf der Nockenwelle auch der Ventilhub ist. Heutzutage können diese Motoren starre oder hydraulische Tassenstößel haben, die Wirkung ist aber stets mechanisch.

Überschneidung

Überschneidung ist der Winkel in Grad innerhalb der Öffnungszeit, in dem das Einlassventil und das Auslassventil gemeinsam offen sind (Auslassventil schließt und Einlassventil öffnet). Im Zyklus jedes Viertaktmotors öffnet das Einlassventil mit dem Schließen des Auslassventils. Der Betrag der Überschneidung bewirkt den holprigen Motorlauf im Leerlauf oder bei niedriger Drehzahl.

Hubgeschwindigkeit (Beschleunigung)

Dieser Begriff bezieht sich auf die Geschwindigkeit, mit der das Ventil pro Grad Kurbelwellendrehung von seinem Sitz abgehoben wird, und auf jene, mit der es in seinen Sitz zurückkehrt. Die Hubgeschwindigkeit variiert deutlich von Nockenwelle zu Nockenwelle. Die meisten zur Leistungssteigerung geschliffenen Nockenwellen heben das Ventil so schnell wie möglich innerhalb der Grenzen der Ventilsteuerung und schließen es so schnell wie möglich, nachdem das Ventil so lange wie möglich geöffnet war. Im Allgemeinen tritt beim Heben des Ventils aus seinem Sitz die höchste Geschwindigkeit pro Grad KW-Rotation zwischen 30 und 80 % des Gesamtventilhubs auf.

Innerhalb der ersten 30 % des Ventilhubs wird das Ventil aus dem Stillstand bis zur höchsten Geschwindigkeit des entsprechenden Nockenwellenprofils beschleunigt und anschließend mit Annäherung des Ventils an seinen vollen Hub in den letzten 20 % der Hubphase abgebremst. Bei maximalem Hub und etwa 5 Grad KW-Rotation auf beiden Seiten des Vollhubpunktes findet nur eine geringe Ventilbewegung statt.

Der Ventilhub wird bei Annäherung des Ventils an den maximalen Hub abgebremst, um sicherzustellen, dass das Ventil dem Nockenprofil genau folgt. Die beschleunigende Wirkung der Hubgeschwindigkeit in Verbindung mit der Trägheit des Ventils und der Ventiltriebkomponenten in Abhängigkeit von der Motordrehzahl würde das Ventil weiter über das Grundprofil des Nockens hinaus anheben, wenn dieser abbremsende Faktor nicht bei der Konstruktion berücksichtigt würde.

Wenn das Ventil geschlossen wird, ist der zur Öffnungsphase entgegengesetzte Effekt erforderlich.

Das Ventil wird zunächst langsam vom Punkt des maximalen Hubs abgesenkt und anschließend schneller geschlossen und dann mit Annäherung an den Schließpunkt wieder abgebremst. Ziel ist es, bei jeder Phase (Öffnen und Schließen) das Ventil möglichst lange aus seinem Sitz gehoben zu lassen, es möglichst schnell zum Punkt der maximalen Öffnung zu bekommen und es in der Nähe des maximalen Hubs möglichst lange offen zu lassen (wobei alle mechanischen Beschränkungen beachtet werden).

Ventilspiel

Dies trifft nur auf mechanische Nockenwellen (solche mit starren statt hydraulischen Stößeln) zu und bezieht sich auf den geforderten Abstand zwischen dem Nocken und dem Stößel, Kipphebel oder Nockenfolger. Dieses Spiel unterscheidet sich von Nockenwelle zu Nockenwelle und häufig auch zwischen Auslass- und Einlassnocken auf derselben Nockenwelle. Es dient ruhigem und leisem Lauf und soll thermisch bedingte Materialausdehnung kompensieren.

Bei mechanischen Nockenwellen nimmt eine „Beruhigungsrampe“ – auch „Öffnungs-“ oder „Schließrampe“ – das Spiel von der Ferse des Nockens auf, bis kein Spalt mehr vorhanden ist und Kontakt mit dem Stößel oder Nockenfolger herrscht (was zum Anheben des Ventils führt). Beim Schließen berührt das Ventil den Sitz, hält an, und der Spalt zwischen dem Nocken und dem Stößel oder Nockenfolger öffnet sich allmählich.

Mechanische oder hydraulische Nockenwellenprofile

Es gibt feine Unterschiede zwischen hydraulischen und mechanischen Nockenwellenprofilen. Allerdings ist die erzielbare Leistungsausbeute beider Nockenwellen sehr ähnlich. Moderne hydraulische Nockenwellenprofile sind sehr gut und liefern in allen Anwendungsbereichen die gleiche Leistung wie ihre mechanischen Pendants. Das mechanische Nockenwellenprofil hat einen leichten Vorteil bei der Beschleunigung. Bei voller Ausnutzung erzielt eine mechanische Nockenwelle gegenüber einer hydraulischen Nockenwelle mit gleichem Profil eine höhere Hubgeschwindigkeit pro Grad KW-Rotation. Wird das Ventil durch das mechanische Nockenwellenprofil schneller geöffnet, bleibt es länger in der maximal geöffneten Position. Das Merkmal hat zum Ruf mechanischer Nockenwellen geführt, mehr Biss als ihre hydraulischen Pendants zu haben.

„Mehr Biss“ sollte stets einen besseren volumetrischen Wirkungsgrad bedeuten. Dem wäre auch so, wären alle Rahmenbedingungen stets gleich. Aber es gibt allerlei Einflussfaktoren, etwa die Konstruktion des Zylinderkopfes und andere Einschränkungen, die Einfluss auf die Leistung jeder Nockenwelle nehmen, sie beschränken oder gar zunichtemachen. Am Ende laufen Motoren mit beiden Nockenwellenarten praktisch gleich gut.

Der geringfügig bessere volumetrische Wirkungsgrad, der durch die Nockengeometrie einiger mechanischer Nockenwellen erreicht wird, kann dazu führen, dass der Motor bei Beschleunigung etwas schneller auf die Gaspedalstellung reagiert und eine höhere Drehzahl entwickelt (der optimale volumetrische Wirkungsgrad bleibt über einen breiteren Drehzahlbereich erhalten). Wenn alles an einem Motor dafür spricht, einen besseren volumetrischen Wirkungsgrad zu erreichen, wird er mit einer mechanischen Nockenwelle definitiv besser laufen. Die einzige Möglichkeit, um wirklich herauszufinden, ob eine mechanische Nockenwelle einen Leistungsvorteil bringt, ist die, denselben Motor mit beiden Nockenwellenarten zu testen.

Eine Orientierung, ob der Vorteil der mechanischen Nockenwelle genutzt wird oder nicht, ist das empfohlene Ventilspiel. Einige der „schärferen“ Nockenwellen, die in obengesteuerten US-V8 verwendet werden, haben Ventilspiele zwischen 0,60 mm und 0,85 mm statt der kleineren Ventilspiele zwischen 0,30 mm und 0,40 mm. Bei kleineren Vierzylindermotoren liegt das Ventilspiel einer aggressiven Nockenwelle im Bereich von 0,45 mm bis 0,55 mm statt der üblicheren Ventilspiele von 0,20 mm bis 0,30 mm. Natürlich hat die beim jeweiligen Motor verwendete Kipphebelübersetzung einen Einfluss, aber diese Beispiele dienen zur Verdeutlichung des allgemeinen Unterschieds. Einige der aggressiveren Nockenwellen sind ziemlich laut, selbst wenn sie richtig eingestellt sind. Allerdings spielt die Lautstärke bei einem ausschließlich für den Rennsport verwendeten Motor keine Rolle.

In erster Linie sind mechanische Nockenwellen durch das schnellere Öffnen und Schließen der Ventile besser (sofern dieses Merkmal ausgenutzt wird), erfordern aber eine häufigere Einstellung des Ventilspiels und neigen zu lautem Lauf. Andererseits ist die hydraulische Nockenwelle ruhig im Lauf, sofern die Stößel in gutem Zustand und die Nocken nicht verschlissen sind. Mit einer hydraulischen Nockenwelle ist ausgezeichnete Leistung möglich, und die Tatsache, dass eine Nockenwelle hydraulisch ist, sollte nicht davon abhalten, sie für Hochleistungszwecke einzusetzen.

Es muss beachtet werden, dass hydraulische Nockenwellen kein Ventilspiel oder lange Rampen haben (sondern sehr kurze), obwohl es Fälle gab, insbesondere im Motorsport, bei denen Hydrostößel zusammen mit mechanischen Nockenwellen in Form eines hydraulischen Nockenwellensystems eingesetzt wurden. In solchen Fällen bewegt sich der interne Mechanismus des Hydrostößels über die volle Weglänge, und die Einheit funktioniert eigentlich als ein starrer Stößel. Diese Idee diente dazu, Reglementeinschränkungen zu umgehen, welche die Verwendung hydraulischer Nockenwellen bei Rennsportmotoren verbindlich vorschrieb (und das funktionierte sehr gut ...).

Vollhub

Der Vollhubpunkt eines Nockens ist die Mitte der Phase der vollständigen Öffnung durch den Nocken. Er lässt sich normalerweise über die Öffnungswinkelzahlen unter Verwendung des universellen Öffnungswinkel- und Steuerdiagramms berechnen. Die Vollhubposition des Einlasstaktes der Nockenwelle wird heutzutage fast immer vom Hersteller oder Schleifer der Nockenwelle angegeben. Wenn der Vollhubpunkt (Einlassventil voll geöffnet) nicht angegeben ist, fragen Sie nach, bevor Sie die Nockenwelle kaufen oder überprüfen Sie, ob die Nocken symmetrisch geschliffen sind (wenn dies der Fall ist, lässt sich die Vollhubposition einfach ermitteln). Das Beispielsteuerdiagramm (siehe oben) zeigt eine Nockenwelle mit 270 Grad Öffnungswinkel (Einlass- und Auslassnocken) und den Steuerzeiten 25-65-65-25. Bei einem symmetrischen Nockenwellenprofil kann die Vollhubposition durch Teilung des Öffnungswinkels von 270 Grad durch 2 berechnet werden. Das Ergebnis beträgt 135 Grad. Die Gradzahl der Einlassöffnung (25) wird von den 135 Grad abgezogen, was 110 Grad ergibt. 110 Grad ist die Vollhubposition des Einlassnockens nach OT, vorausgesetzt, der Nocken ist symmetrisch.

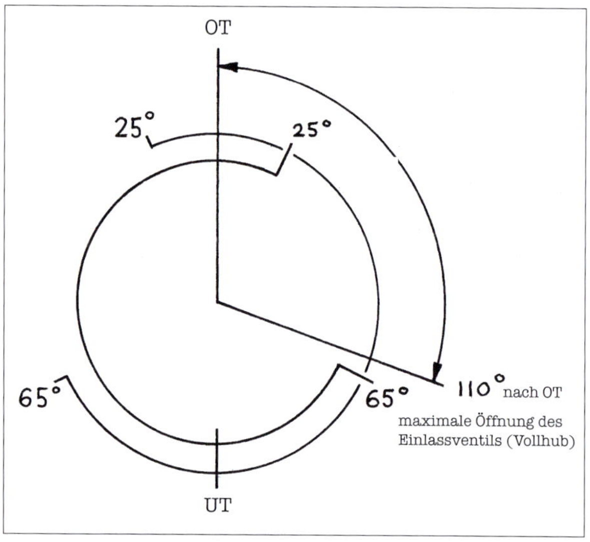

Die Vollhubsteuerung beinhaltet die Suche des Vollhubpunktes und dessen Einstellung in Bezug auf den OT der Kurbelwelle.

Einstellung der Steuerung über den Vollhub

Wegen der Schwierigkeit bei der Erfassung des genauen Moments, in dem ein Ventil öffnet und schließt, wird oft der Vollhubpunkt des Nockens verwendet. Im angemessenen Rahmen ist es ziemlich einfach, den tatsächlichen Vollhubpunkt jedes Nockenwellenprofils aufzunehmen. Auch wenn das Nockenwellenprofil eine lange Verweilzeit bei Vollhub hat, kann der genaue Vollhubpunkt mit einer Messuhr und einer Gradscheibe oder der Kurbelwellenriemenscheibe des Motors, sofern sie eine entsprechende Markierung für die Einstellung der Steuerung über den Vollhub hat, gefunden werden. Dies ist zwar die einfachste Methode zur Einstellung der Nockenwellensteuerung, es gibt aber Gründe, warum diese Vorgehensweise bei manchen Motoren nicht angewendet wird. Daher ist dies auch keine allgemein gültige Regel, zumal es weitere Methoden zur erfolgreichen Einstellung der Nockenwellensteuerung gibt.

Die Bildfolge zeigt einen Stößel, der normalerweise mit einer Ventilstoßstange verbunden ist, aber das Prinzip ist für jeden Nocken gleich. In allen Fällen wird der Stößelweg gemessen. Die Vollhubposition

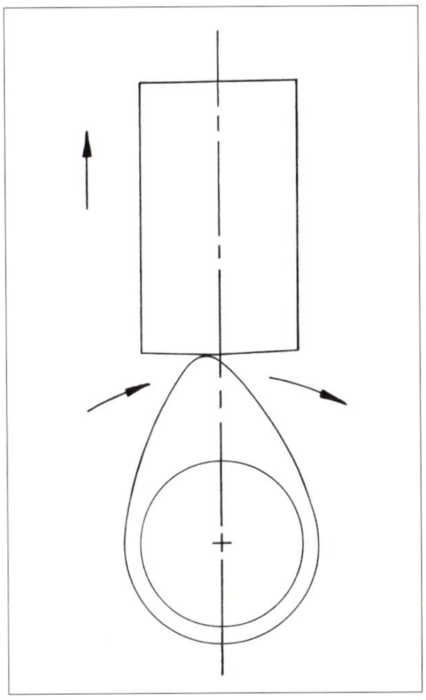

Der Stößel steigt mit Drehung der Kurbelwelle. Die Kurbelwelle wird angehalten, sobald der Stößel 0,25 mm unter dem Vollhubpunkt steht. Der Gradwert KW an diesem Punkt wird am Schwingungsdämpfer oder an der Riemenscheibe der Kurbelwelle abgelesen.

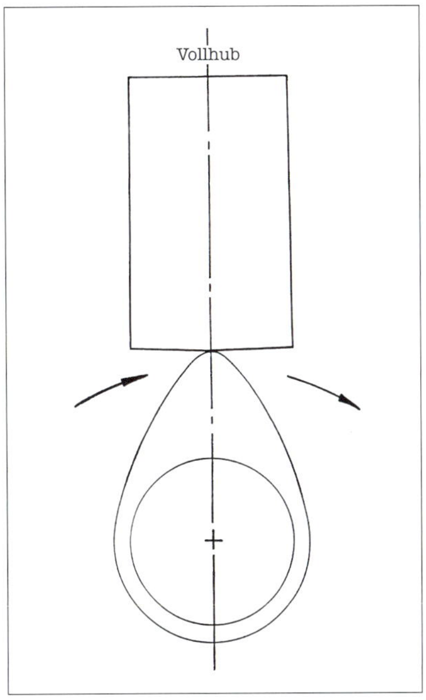

Hier befindet sich der Stößel in der Vollhubposition. Es ist nicht einfach, diesen Punkt zu bestimmen. Deshalb werden Punkte an jeder Seite des Vollhubpunktes für größere Genauigkeit verwendet.

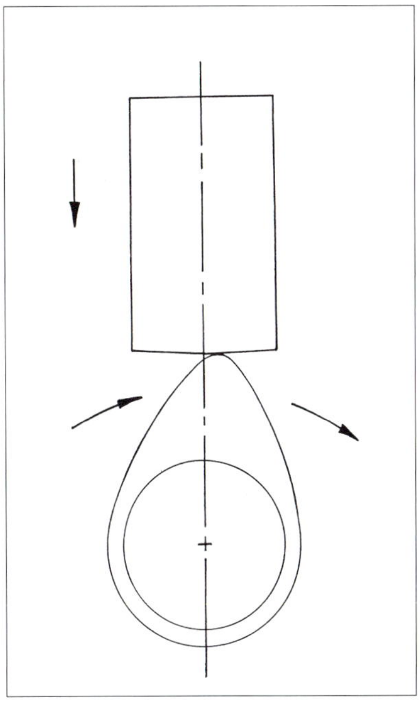

Der Stößel ist hier nach Drehung der Kurbelwelle auf einen Punkt 0,25 mm vor Vollhub gefallen und die Kurbelwelle wurde an diesem Punkt angehalten. Der Gradwert KW an diesem Punkt wird am Schwingungsdämpfer oder an der Riemenscheibe der Kurbelwelle abgelesen.

wird wie folgt bestimmt: Stößel bis kurz vor den Punkt des maximalen Hubs (bei einem steigenden Stößel) bewegen und den Wert in Grad KW an diesem Punkt ablesen, Weiterdrehen der Kurbelwelle über den Vollhub hinaus, bis der Stößel wieder genau an dem Punkt, diesmal aber auf der anderen Seite des Nockens angekommen ist.

Der Vollhubpunkt jedes NW-Nockens ist die Mittelposition in Grad KW zwischen dem Haltepunkt des steigenden Stößels und dem Haltepunkt des sinkenden Stößels.

Egal welche Einstellungsmethode verwendet wird: Wichtig ist, dass die Nockenwelle so gesteuert wird, dass der Motor die beste Leistung erzeugt. Ausgangspunkt sind die Angaben des Herstellers. Anschließend kann die Nockenwelle von dieser Position aus vor- oder nacheilend eingestellt werden (maximal 4 Grad in jede Richtung), um festzustellen, ob die Leistung besser wird.

Abstand zwischen Kolben und Ventil

Beim Abstand zwischen Kolben und Ventil gibt es zwei Aspekte. Der erste ist der konstruktionsbedingte Abstand zwischen den maximal weit geöffneten Ventilen und den Kolbenböden. Bei vielen Motoren bedeutet der konstruktionsbedingte Abstand, dass die Kurbelwelle bei getrenntem Nockenwellenantrieb und den Ventilen in maximaler Hubposition 360 Grad gedreht werden kann, ohne dass ein Kolbenboden ein Ventil berührt. Das Problem der Berührung tritt viel häufiger bei modernen Motorkonstruktionen als bei älteren auf (die tiefe Verbrennungsräume und Ventile hatten, die nicht in einem Winkel zur Bohrungsachse eingebaut waren). Bei vielen älteren Motorkonstruktionen mit vertikalen Ventilen saßen die Ventilteller bei maximalem Hub bündig mit der Zylinderkopfdichtfläche, was bedeutet, dass bei montiertem Motor die Stärke der Dichtung (1,5 mm) der Abstand war. Außerdem bedeutete die Tatsache, dass die Kolbenböden bei OT etwas (0,50 mm) tiefer in der Bohrung lagen, dass bei vollem Ventilhub der Abstand zwischen Kolben und Ventil fast immer 2,0 mm betrug und Kolben und Ventile unter keinen Umständen kollidieren konnten. Andererseits biegen sich bei vielen modernen Vierventilmotoren die Ventile bei maximalem

Hub. Achten Sie darauf, ob bei Ihrem Motor die Gefahr besteht, dass die Ventile den Kolben berühren können. Beim Zusammenbau des Motors und der Einstellung der Kurbelwellen ist größte Sorgfalt erforderlich.

In der Standardbauweise kann bei vielen Motoren der Nockenwellenantrieb ausfallen (gerissene Riemen oder defekte Steuerkette), ohne dass Kolben und Ventil beschädigt werden. Dies könnte sich aber unter Umständen nach dem Einbau einer Hochleistungsnockenwelle ändern. Der größere Hub der Nockenwelle kann dann bewirken, dass bei maximalem Hub die Ventile die Kolben berühren könnten, falls der Nockenwellenantrieb reißt. Funktioniert der Nockenwellenantrieb nicht mehr, bedeutet dies nicht zwangsläufig, dass Ventile verbogen werden. Vielleicht hat man ja etwas Glück, und keins der Ventile war zum Zeitpunkt des Versagens maximal weit aus dem Sitz gehoben. Meistens jedoch sind ein oder zwei Ventile tatsächlich beschädigt, und genau das ist der Grund, warum ein regelmäßiger Austausch des Zahnriemens empfohlen wird. Es ist gewiss viel billiger, einen Riemen zu ersetzen als einen Ventilsatz.

Der zweite Aspekt des Kolben-Ventil-Abstands ist das „Arbeitsspiel", das zwischen den Ventiltellern und dem Kolben alle zwei Umdrehungen des Motors vorhanden sein muss. Dies gilt natürlich nur für Motoren, bei denen die Ventile den oberen Teil des Kolbens in einer bestimmten Stellung berühren können.

In der Standardbauform lässt der Motorkonstrukteur ausreichend Platz, so dass im Normalfall viel Spielraum für Fehler bei der Montage eines neuen Riementriebs besteht (es ist tatsächlich so, dass die Ventile nicht zwangsläufig den Kolben berühren, selbst wenn der Motor ein oder zwei Zähne falsch zu den Ventilen eingestellt wird). Die Gefahr wächst jedoch, wenn die Nockenwelle hin zu schnellerer Reaktion, längerer Öffnungszeit und großem Hub verändert wird. Die Ventile öffnen früher, schließen später und heben sich weiter. Wenn dann auch noch der Zylinderkopf für mehr Kompression plangefräst und eine dünnere Dichtung eingebaut wurden, könnte sich der Freiraum um mehr als 50 % reduzieren. Wo also ursprünglich ein 5,0 mm großer Abstand war, könnten es dann bei bestimmten Punkten im Ventilöffnungs- oder -schließtakt vielleicht nur noch 2,3 mm sein.

Von da ab wird es kritisch. Das geht soweit, dass für die Ventile Vertiefungen in die Kolbenböden geschnitten oder bereits vorhandene Mulden vertieft werden müssen, um Luft zwischen Kolben und Ventil zu lassen. Bei einigen Motoren droht die Gefahr, dass Ventile beim Zusammenbau verbogen werden, und noch schneller passiert es, dass Ventile bei der Einstellung der Nockenwellensteuerung verbiegen. Es gibt also gute Gründe für einen möglichst großen Abstand zwischen Kolben und Ventilen in Hochleistungsmotoren.

KAPITEL 2

Auswahl des richtigen Öffnungswinkels

Die meisten hochleistungsorientierten Nockenwellen haben Öffnungswinkel zwischen 270 und 310 Grad. Dabei sind Nockenwellen mit 270 Grad Öffnungszeit „mild“ und solche mit 310 Grad „scharf“. Das ist heutzutage der generell akzeptierte Bereich von Öffnungszeiten für jede Nockenwelle auf dem Markt.

Tests haben jedoch gezeigt, dass für praktisch alle Leistungsanwendungen der Bereich der Öffnungszeit zwischen 270 und 310 Grad (plus minus zwei oder drei Grad) begrenzt ist. Dies gilt für Motoren, die fast ausschließlich auf der Straße verwendet werden bis hin zu Motoren ausschließlich für den Rennsport. 40 Grad zwischen der unteren und der oberen Grenze des Bereichs erscheinen vielleicht nicht viel, machen aber in der Praxis einen großen Unterschied aus.

Es gab Nockenwellen mit 340 Grad Öffnungswinkel. Sie stellen aber das absolute Maximum dar und werden für 99 Prozent der Anwendungen als unpassend betrachtet. Bei solchen Nockenwellen lagen die Einlassventilöffnung in der Nähe von 68 Grad vor OT und das Schließen bei 92 Grad nach UT, die Auslassventilöffnung bei 92 Grad vor UT und das Schließen bei 68 Grad nach OT.

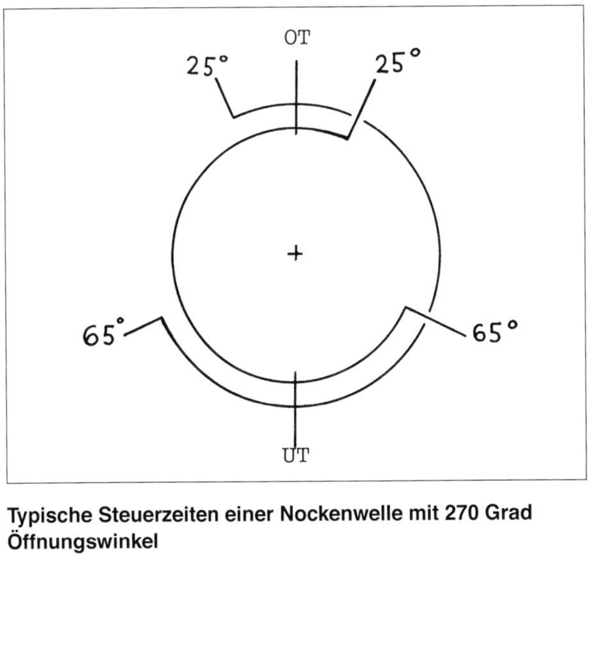

Typische Steuerzeiten einer Nockenwelle mit 270 Grad Öffnungswinkel

Nockenwellen-Öffnungswinkel werden ab 270 Grad in 10-Grad-Schritten bezeichnet, aber viele Nockenwellen tragen abweichende Angaben wie 272, 284, 297 und 312. Das hängt damit zusammen, dass alle aufgelisteten Steuerzeiten nur Näherungen sind, die der Einfachheit halber gerundet werden. Die Wirkung einer Nockenwelle mit Öffnungswinkel 272 Grad entspricht der einer Welle mit 270 Grad, während die einer Nockenwelle mit 288 Grad Öffnungswinkel der einer mit 290 Grad Öffnungswinkel gleicht. Außerdem können zwei Nockenwellen mit dem gleichen Öffnungswinkel beworben werden, aber die Spreizung kann bei jeder anders sein. Die Einlass- und/oder Auslassventile könnten bei einer Nockenwelle irgendwo zwischen 1 bis 3 Grad früher (oder später) öffnen und 1 bis 3 Grad früher (oder später) schließen.

Der Übersichtlichkeit halber werden alle in diesem Buch aufgelisteten Nockenwellen-Öffnungswinkel wie folgt in Grad angegeben: erst der Einlassöffnungspunkt gefolgt vom Einlassschließpunkt, dann der Auslassöffnungspunkt gefolgt vom Auslassschließpunkt. Wenn also die Nockenwellensteuerung mit 42-78-78-42 aufgelistet wird, ist die erste Ziffer 42 der Punkt in Grad, an dem das Einlassven-

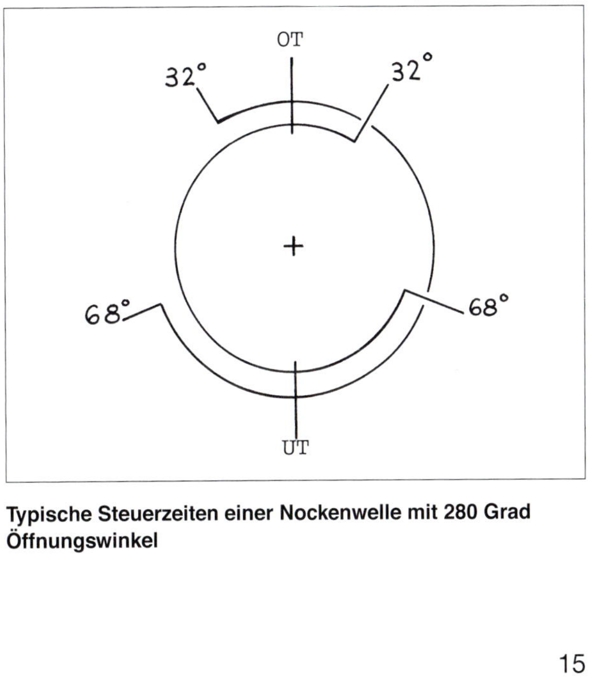

Typische Steuerzeiten einer Nockenwelle mit 280 Grad Öffnungswinkel

til vor OT öffnet. Die erste 78 ist der Punkt in Grad, an dem das Einlassventil nach UT schließt. Die zweite 78 ist der Punkt in Grad, an dem das Auslassventil vor UT öffnet und die zweite 42 ist der Punkt in Grad, an dem das Auslassventil nach OT schließt. Der Nockenwellen-Öffnungswinkel wird in Grad Kurbelwellenrotation angegeben.

Die in diesem Buch angegebenen Zahlen sind so genannte Absolutwerte, wie sie gemessen werden, wenn der Nocken gerade beginnt, den tatsächlichen Ventilhub einzuleiten (ungefähr die ersten 0,025 bis 0,075 mm der Ventilbewegung). Obwohl es viele Variationen bei der Klassifizierung von Öffnungswinkeln etwa mit verschiedenen Stößelanstiegshöhen gibt, ist dies die Art und Weise, wie die meisten Leute den Öffnungswinkel messen.

In der Werbung werden einige Öffnungszeiten bei einem bestimmten Prüfhub angegeben. Beispielsweise werden Harley-Davidson-Motorrad-Nockenwellen alle größtenteils bei 1,35 mm Prüfhub standardisiert, unabhängig davon, wer die Nockenwelle schleift. Viele Hersteller von Nockenwellen im Kfz-Zubehörmarkt verwenden den Prüfhub 0,5 mm, was die meisten Leute, die den Katalog lesen, verwirrt. Tatsächlich versuchen die Hersteller im Interesse der Genauigkeit durch die Angabe der Öffnungswinkel bei einem bestimmten Prüfhub zu helfen. Am Ende sind aber die meisten Leute mit „Absolutwerten" vertraut und wollen die „echten" Gradzahlen wissen. Wenn heute über Öffnungszeiten von Nockenwellen gesprochen wird, stellen die meisten Leute zuerst fest, von welchem Prüfhub die angegebenen Punkte ausgehen, also etwa von 0,10, von 0,50 oder von 1,25 mm. Alle aufgelisteten Nockenwellen-Öffnungswinkel werden in ähnlichen Diagrammen dargestellt, die auch die Spreizung zeigen. Dies liefert ein klares Bild der Beziehung zwischen Öffnungswinkel und Spreizung sowie der Parameter des Nockenwellen-Öffnungswinkels.

Öffnungswinkel 270 Grad

Nockenwellen mit einer Öffnungszeit von 270 Grad werden als die mildesten ihrer Art betrachtet. Die Tatsache, dass sie einen „milden" Öffnungswinkel haben, darf aber keineswegs zur Schlussfolgerung führen, dass sie minderwertig sind. Diese milden Nockenwellen haben häufig eine ähnliche Öffnungszeit (manchmal kürzer) wie serienmäßige Nockenwellen. Wenn solche Nockenwellen in einen modifizierten Motor eingebaut werden, bringen sie fast immer eine höhere Leistung als die Standardnockenwellen, die sie ersetzen, weil sie eine höhere Geschwindigkeit beim Abheben des Ventils aus dem Sitz bis zum maximalen Hub liefern, das Ventil in der Nähe seines maximalen Hubs halten und anschließend das Ventil wieder schnell in seinen Sitz zurück bringen – die Ventile bleiben also innerhalb der 270 Grad Öffnungswinkel möglichst lange von ihren Sitzen abgehoben.

Die Steuerzeiten einer 270-Grad-Nockenwelle liegen bei ungefähr 25-65-65-25. Diese Nockenwellen haben einen runden Leerlauf (gerade noch so) und werden für die universelle Verwendung auf öffentlichen Straßen empfohlen, bei der geringer Kraftstoffverbrauch erwünscht ist und Emissionswerte eingehalten werden müssen.

Öffnungswinkel 280 Grad

Nockenwellen mit 280 Grad sind die nächsthöhere Stufe und sorgen für eine Leistungssteigerung. Obwohl diese Öffnungszeit immer noch als mild gilt, liefert sie in einem modifizierten Motor mit vier Ventilen pro Zylinder ausgezeichnete Leistung bis 7500/min. Der Wirkungsgrad des Zylinderkopfes betont den Effekt der Nockenwelle deutlich. Was einen Motor zum Laufen bringt, ist ein guter volumetrischer Wirkungsgrad respektive die bestmögliche Zylinderfüllung – einfach ausgedrückt: möglichst viel Luft-Kraftstoff-Gemisch im Zylinder.

Die Steuerzeiten einer 280-Grad-Nockenwelle liegen bei ungefähr 32-68-68-32. Mit dieser Öffnungszeit hat der Motor keinen perfekt runden Leerlauf mehr, und solche Nockenwellen gelten als die erste Stufe der Hochleistungsnockenwellen.

Öffnungswinkel 290 Grad

Die Steuerzeiten einer 290-Grad-Nockenwelle liegen bei ungefähr 37-73-73-37. Der Zylinderkopf spielt eine wesentliche Rolle für den Effekt einer Nockenwelle. Ein Standardmotor, der mit einer Nockenwelle mit langer Öffnungsdauer wie dieser ausgestattet wird, ist selten effizient. Das liegt daran, dass, obwohl die Ventile eher und länger öffnen, der eigentliche Einlasstrakt unberührt und somit der begrenzende

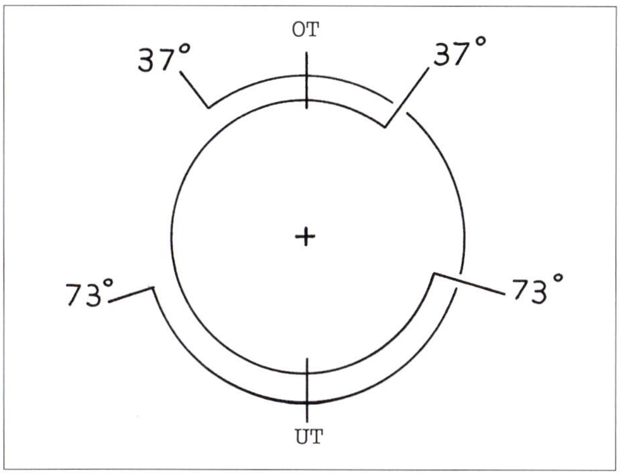

Typische Steuerzeiten einer Nockenwelle mit 290 Grad Öffnungswinkel

Faktor für den volumetrischen Wirkungsgrad bleibt. Das hat soweit nichts mit der Nockenwelle zu tun, aber es schränkt deren Wirkung möglicherweise ein. Diese Nockenwellen werden verwendet, wenn es auf gute Leistung im mittleren Drehzahlbereich ankommt. Sie verursachen freilich einen unruhigen oder holprigen Leerlauf. Im Allgemeinen bringen sie in vielen Motoren noch mehr Leistung als erwartet – wenn die Ansaugseite entsprechend modifiziert wird, etwa durch optimierte Kanäle. 290 Grad Öffnungswinkel sind für die meisten Anwendungen nicht zu wenig. Oft wird gesagt, dass die Nockenwelle das Herz des Motors ist. Das ist aber nur der Fall, wenn alle anderen Faktoren berücksichtigt werden, etwa Ansaugung und Abgasverteilung. Jeder Motor kann „nockenmäßig aufgerüstet" werden. Wenn aber etwa der Zylinderkopf relativ ineffizient ist, wird es nichts mit der Leistungssteigerung. Schlimmer noch: Es kann Leistung verloren gehen.

Öffnungswinkel 300 Grad

Die Steuerzeiten einer 300-Grad-Nockenwelle liegen bei ungefähr 42-78-78-42. Die Gradwerte der Überschneidung erhöhen sich (in diesem Fall sind das die beiden Zahlen 42 und nicht die Zahlen 78), und diese wachsende Überschneidung ist es, die bewirkt, dass ein solcher Motor im Leerlauf holprig läuft. 300-Grad-Nockenwellen sind für den Rennsport gedacht, und alle Motoren, die mit solchen Nockenwellen ausgestattet sind, haben einen sehr holprigen Leerlauf. Je „schärfer" die Nockenwelle ist, umso höher liegt der Drehzahlbereich, in dem das Leistungsband beginnt.

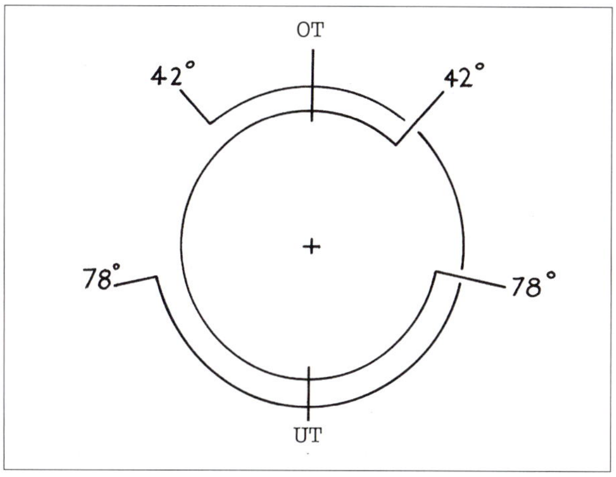

Typische Steuerzeiten einer Nockenwelle mit 300 Grad Öffnungswinkel

Viele Motoren mit zwei Ventilen pro Zylinder weisen Grenzen beim volumetrischen Wirkungsgrad auf: Von einem bestimmten Punkt an bedeuten längere Öffnungszeiten keinerlei Leistungszuwachs mehr. So mag eine Nockenwelle derart lange Öffnungszeiten gestatten, dass die Leistungserzeugung sehr weit oben im Drehzahlbereich beginnt, der Wirkungsgrad des Zylinderkopfes aber so begrenzt ist, dass das effektive Leistungsband auf ein unbrauchbares Niveau sinkt. Die bessere Option wäre ein kleinerer Öffnungswinkel, so dass die Leistung weiter unten im Drehzahlbereich erzeugt wird und dadurch dem Motor ein viel breiteres brauchbares Leistungsband verliehen wird.

Beispielsweise liefern die meisten Motoren mit zwei Ventilen pro Zylinder und Ventilstoßstangen die maximale Leistung zwischen 7000 und 7200/min. Einige hochgezüchtete Motoren dieses Typs entwickeln jetzt die Maximalleistung zwischen 7400 und 7500/min, aber es hat Jahre der Entwicklung gebraucht, um den generellen Maximalleistungspunkt von 7000 auf 7500/min zu erhöhen. Dies bedeutet, dass bei obengesteuerten Motoren mit zwei Ventilen pro Zylinder und Ventilstoßstangen die Verwendung einer Nockenwelle mit 300 Grad Öffnungswinkel die Grenze darstellt und vielfach oberhalb der Wirkungsgradgrenze liegt, weshalb Nockenwellen mit 290 Grad geeigneter wären.

Öffnungswinkel 310 Grad oder mehr

Die Steuerzeiten einer 310-Grad-Nockenwelle liegen bei ungefähr 50-80-80-50. An dieser Stelle wurden die 80-Grad-Zahlen nicht sehr stark erhöht. Das

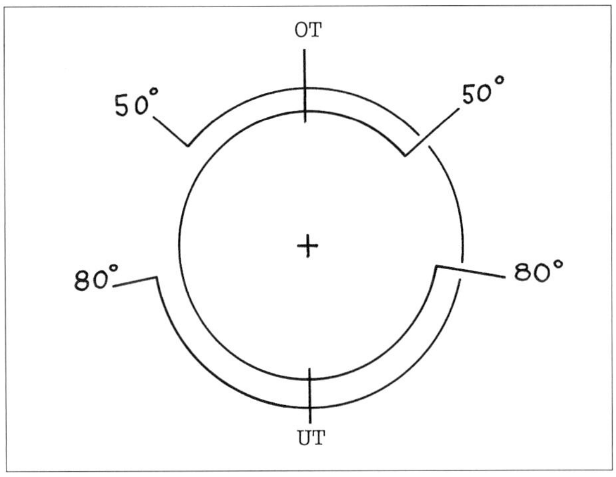

Typische Steuerzeiten einer Nockenwelle mit 310 Grad Öffnungswinkel

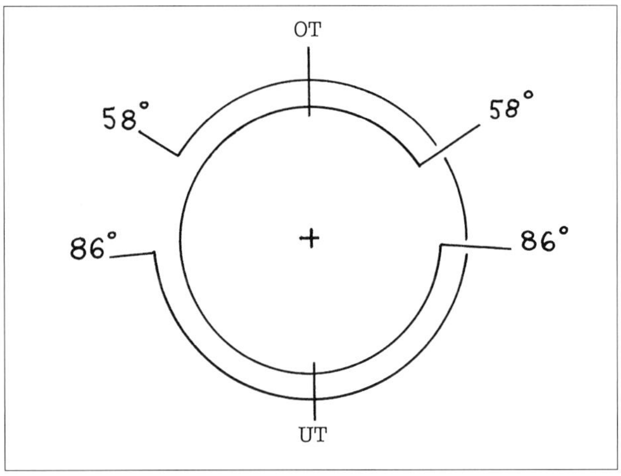

Typische Steuerzeiten einer Nockenwelle mit 324 Grad Öffnungswinkel

liegt daran, dass ein Öffnen des Auslassventils früher als 80 Grad vor UT und das Schließen des Einlassventils später als 80 Grad nach UT die Grenzen jedes Motors übersteigt. Das Öffnen des Auslassventils bei 80 Grad vor UT bedeutet, dass der Verbrennungsdruck im Zylinder 100 Grad lang im Zylinder arbeitet. Das Schließen des Einlassventils bei 80 Grad nach UT ermöglicht 100 Grad lang die Kurbelwellendrehung vor dem oberen Totpunkt. Für viele Motoren stellt diese Art der Steuerung das Maximum dar, auf das sie reagieren können, und sie ist ausschließlich für den Rennsport gedacht. Nockenwellen mit längerer Öffnungszeit können montiert werden, aber sehr oft läuft der Motor überhaupt nicht besser, und die Leistungsentwicklung beginnt später (statt bei 3500/min kann dies gut bei 4500/min der Fall sein).

Nockenwellen mit 324 Grad Öffnungswinkel werden bei ungefähr 58-86-86-58 gesteuert. Diese oder eine längere Öffnungszeit einer Nockenwelle stellt das Maximum für Rennsportmotoren mit höchsten Drehzahlen dar. Das sind 9000 bis 10.000/min und mehr, wobei die Leistungsentwicklung effektiv bei 5000 bis 6000/min beginnt. Das heißt also keineswegs, dass Nockenwellen mit solchen Öffnungszeiten nicht funktionieren. Sie sind nur für die meisten Anwendungen nicht praktikabel.

Es ist zu beachten, dass sich bei Nockenwellen mit solch langen Öffnungszeiten der Öffnungswinkel nicht proportional am Einlassschließpunkt oder am Auslassöffnungspunkt erhöht. Die Beispiel-Nockenwelle öffnet das Einlassventil bei 58 Grad vor OT und schließt das Auslassventil bei 58 Grad nach OT. Das sind 118 Grad Überschneidung, Einlass- und Auslassventile sind also gleichzeitig offen. Dies ist in jeder Hinsicht eine große Überschneidung, der Leerlauf ist sehr holprig und die Regelbarkeit des Motors ist bei niedrigen Drehzahlen faktisch nicht vorhanden. Außerdem fehlt es über den gesamten Drehzahlbereich wegen der frühen Öffnung des Auslassventils an Drehmoment. An diesem Punkt ist der Druck im Zylinder immer noch sehr hoch und drückt noch hart auf den Kolben (wodurch Drehmoment erzeugt wird). Wenn das Ventil zu früh geöffnet wird, geht Drehmoment verloren.

Das Gegenteil davon ist das zu späte Öffnen der Auslassventile. Der Zylinder wird nicht entleert, bevor der Kolben wieder anfängt zu steigen, und auch dadurch geht Motorwirkungsgrad verloren. Natürlich spielt in manchen Fällen die sehr niedrige Leistung im unteren Drehzahlbereich bei einem Motor, der mit Nockenwellen mit sehr langer Öffnungszeit bestückt ist, einfach keine Rolle. Allerdings ist die Leistung von Motoren mit derartigen Nockenwellen im mittleren Drehzahlbereich im Endeffekt selten so gut wie bei Motoren, die mit eher milderen Wellen ausgestattet sind. Nockenwellen sollten ausgetauscht werden, wenn die Leistung im mittleren Drehzahlbereich für die entsprechende Anwendung nicht gut genug ist.

Ein Beispiel für den Wert von Nockenwellen mit kürzerer Öffnungszeit ist der auf normale Ansaugung umgebaute Vierventiler des Ford Sierra Cosworth, der normalerweise einen Turbolader hat. Er lässt sich in der Rennsportversion zuverlässig auf 8500 bis 9000/min hochdrehen. Wird ein solcher Motor mit DA1-Nockenwellen (Steuerzeiten 61-85-85-61) aus-

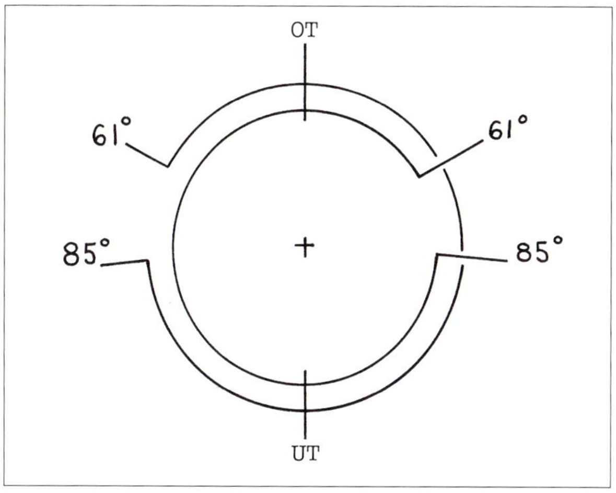

Steuerzeiten der Nockenwelle DA1

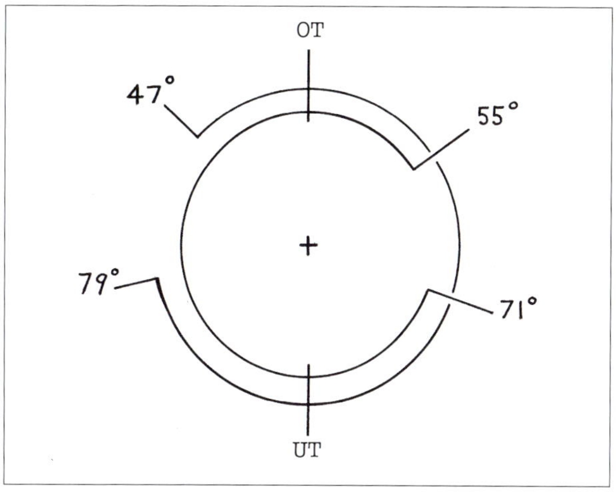

Steuerzeiten der Nockenwelle L1

gestattet, ermöglichen diese Nockenwellen die Entwicklung von Leistung am oberen Ende bei 9000/min. Derselbe Motor ausgestattet mit L1-Nockenwellen (Steuerzeiten 47-79-71-55) zieht viel besser zwischen 5000 und 8500/min, entwickelt aber letztendlich weniger Maximalleistung als der mit DA1-Nockenwellen ausgestattete Motor. Das mit L1-Nockenwellen ausgestattete Auto ist in vielen Fällen viel schneller als das Auto, dessen Motor mit DA1-Nockenwellen ausgestattet ist (gleiches Auto, gleicher Motor, aber unterschiedliche Nockenwellen) und für die meisten Leute bestimmt viel leichter zu fahren.

Nockenwellen-Öffnungszeit und Drehzahlbereiche

Der bereits beschriebene Bereich der Nockenwellen-Öffnungszeiten eignet sich auf die eine oder andere Weise für nahezu alle Motoren. Auf der Suche nach der besten Welle ist der gewünschte Drehzahlbereich das nächste Kriterium. Dieser Faktor hängt fast immer vom volumetrischen Wirkungsgrad des Zylinderkopfes und insbesondere von den Einlasskanälen und den Einlasstrakten als Ganzes ab. Dies bedeutet, dass die Drehzahlleistung der verschiedenen Nockenwellen-Öffnungszeiten durch die Gestaltung des Zylinderkopfes eingegrenzt werden kann. Die Wirksamkeit von Öffnungszeit und Spreizung einer Nockenwelle wird fast immer durch die Konstruktion und den Wirkungsgrad des Zylinderkopfes bestimmt. Sind die maximale Drehzahl und der maximale Wirkungsgrad des Zylinderkopfes bekannt, kann der Drehzahlbereich der verschiedenen Nockenwellen-Öffnungszeiten berechnet werden.

Stoßstangenmotoren mit obenliegenden Ventilen

Motoren dieser Kategorie haben das traditionelle Ventilsystem mit Stößelstangen, wie es seit Urzeiten in Motoren wie der BMC A-Serie, bei Ford CrossFlow und pre-CrossFlow sowie in den Small-Block-V8 von Chevrolet und Ford eingesetzt wird. Die meisten dieser Motoren weisen Zylinderkopfkonstruktionen auf, die eine grundlegende Wirkungsgradgrenze haben, über die hinaus die Leistung nicht gesteigert werden kann, unabhängig davon, wie sehr der serienmäßige Zylinderkopf modifiziert wird.

Die maximale Drehzahl, bei der die meisten dieser Motoren effizient sind, liegt bei 7000 bis 7200/min. Alle diese Motoren können natürlich höher gedreht werden, was auch häufig der Fall ist, aber die Leistung wird bei diesen höheren Drehzahlen nicht größer, sondern kleiner. Die Öffnungszeiten der Nockenwellen, die verwendet werden, um 7000/min und mehr zu erreichen, liegen üblicherweise zwischen 300 und 310 Grad, und die Zylinderköpfe müssen gut modifiziert werden, damit der Leistungsanstieg bei derart hohen Drehzahlen anhält.

Es gibt Fälle, in denen Motoren wie die hochgezüchteten obengesteuerten Rennsportausführungen von US-Fabrikaten (Ford und Chevrolet) mit 5,0 bis 5,7 Litern und zwei Ventilen pro Zylinder mit Nockenwellen ausgestattet sind, die lange Öffnungszeiten (300 bis 315 Grad) haben. Diese haben sehr große Ventilhübe und sehr aggressive Nockenaktionen (vollständig mit Rollen ausgestattete Ventiltriebe). Solche Motoren werden mit sehr engen Leistungsbändern (6000 bis 7500/min) gefahren und entwickeln eine

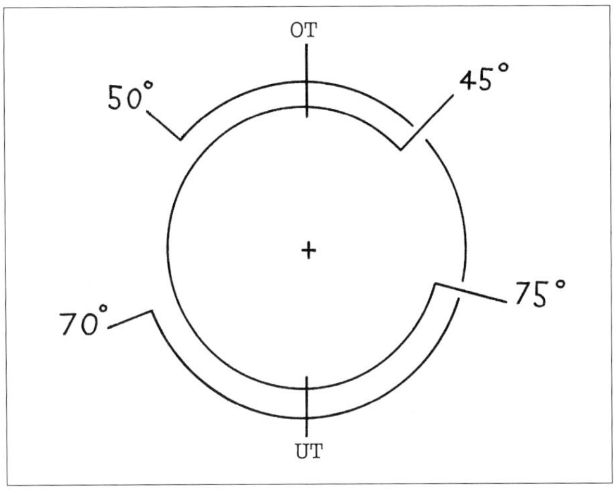

Steuerzeiten der Nockenwelle 649 Austin/Rover

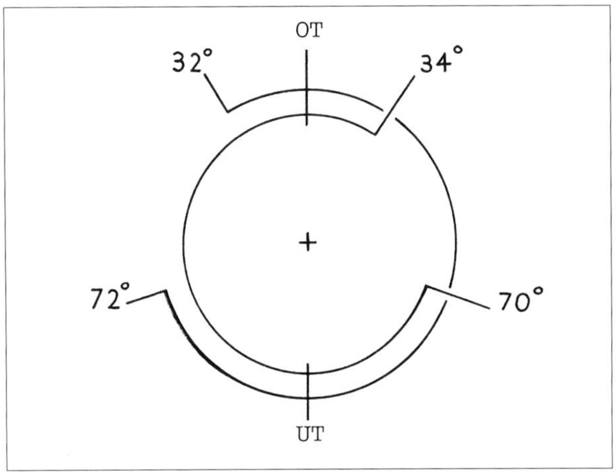

Typische Steuerzeiten einer Nockenwelle mit 284 Grad

ausgezeichnete Maximalleistung (100 bis 125 PS pro Liter bei 7500/min), brauchen aber viele Gänge, weil das Drehmoment unter 5500/min sehr klein ist und sie fast nicht aus ihrem engen Leistungsband heraus gehen. Diese Konfiguration ist ausschließlich für den Rennsport geeignet und sehr speziell.

Die angegebenen effektiven Leistungsbänder sind nur Näherungen, weil alle Motoren konstruktive Unterschiede und unterschiedliche Grenzen aufweisen. Einige Motoren gehen nach einer Modifikation exakt in den aufgelisteten Drehzahlbereich, andere nicht. Manche der Motoren mit größerem Hubraum – genauer: mit größerem Hubraum pro Zylinder – und mit schweren internen Komponenten können die aufgelisteten Drehzahlen nicht erreichen. Nur wenige der obengesteuerten Motoren mit zwei Ventilen pro Zylinder entwickeln maximale Leistung oberhalb von 7000/min und nur die Allerbesten tun dies bei 7400 bis 7500/min.

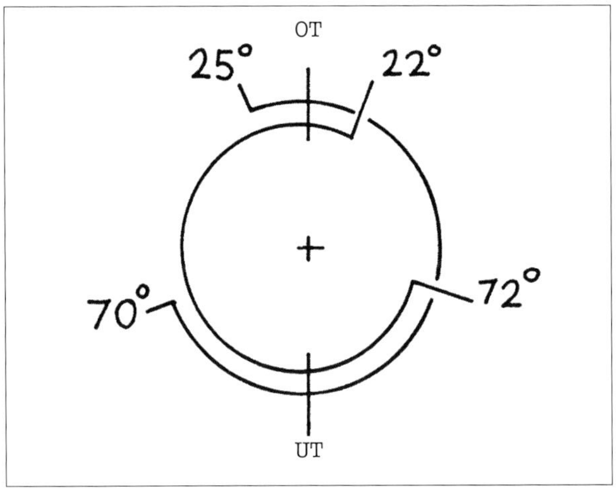

Steuerzeiten der Nockenwelle Holman & Moody HA.6250 für den Small-Block-V8 von Ford

Effektive Leistungsbänder bezüglich Maximalleistung:
Öffnungswinkel 270 Grad: 1000-5500/min
Öffnungswinkel 280 Grad: 1500-6500/min
Öffnungswinkel 285 Grad: 2000-6750/min
Öffnungswinkel 290 Grad: 2500-7000/min
Öffnungswinkel 295 Grad: 3500-7100/min
Öffnungswinkel 300 Grad: 4000-7200/min

Kleine Vier-Zylinder-Motoren wie die der BMC-A-Serie mit 998, 1098 und 1275 cm^3 reagieren im Allgemeinen am besten auf Nockenwellen mit 285 Grad Öffnungszeit für die meisten Hochleistungsanwendungen (etwa Piper BP285), bei denen ein breiteres Drehmomentband von fast Leerlauf bis möglichst nah an den Maximalleistungspunkt heran. Für alle reinen Rennsportanwendungen ist die Austin/Rover 648/649 wahrscheinlich die am besten bekannte Nockenwelle für diese Motoren – vorausgesetzt, der Motor ist für eine Dauerdrehzahl von 7000 bis 7500/min getunt und die Drehzahl fällt nicht unter 4000/min. Diese Nockenwelle hat 300 Grad Öffnungszeit, eine hohe Hubgeschwindigkeit und Steuerzeiten 50-70-75-45 sowie einen Ventilhub von 11,9 mm bei Kipphebeln mit einer Kipphebelübersetzung von 1,5:1. Es gibt Nockenwellen mit längeren Öffnungszeiten, aber sie machen den Motor selten besser (Begrenzung durch den Zylinderkopf-Wirkungsgrad).

Am anderen Ende der Hubraumskala entwickeln Small-Block-V8 US-amerikanischer Bauart mit konventionellen Stößeln und serienmäßigen Zylinderköpfen, die gut modifiziert sind, die maximale Leistung zwischen 7000 und 7500/min. Dafür müssen die Nockenwellen mindestens 300 Grad Öffnungswinkel haben, die Steuerzeiten müssen bei 42-78-78-42 liegen und die Ventilhübe müssen zwischen 12,1 und 14,0 mm betragen. Das Problem bei diesen Nockenwellen ist der massive Verlust an Leistung im unteren Drehzahlbereich etwa vom Leerlauf bis zu 4000 bis 4500/min. Man würde den Einsatz einer derartigen Nockenwelle immer nur für Rennsportzwecke in Erwägung ziehen, bei denen die Drehzahl nicht unter 4500/min sinkt.

Ist der Motor mit Standardteilen (etwa Pleuelstangen und Kolben) ausgestattet, sind derartige Wellen Zeitverschwendung, und man kommt besser mit dem Einbau einer Nockenwelle mit einer Öffnungszeit von 275 bis 285 Grad zurecht. Dies würde die volle Ausnutzung der mechanischen Festigkeit solch eines Motors und ein sehr effizientes Leistungsband von 2000-2500 bis 6000-6500/min ermöglichen.

Die Rallye-Nockenwelle HA.6250 von Holman & Moody ist ein sehr gutes Beispiel für eine Nockenwelle mit kurzer Öffnungszeit, die zwar einen holprigen Leerlauf bewirkt, aber von da ab bis 6000-6200/min sehr leistungsstark ist. Diese Nockenwellen wurden für 289 cui großen Sprint-Motoren für den Ford Falcon gefertigt, wie sie Mitte der 1960er Jahre in Rallyes eingesetzt wurden. Diese mechanische Nockenwelle hat einen Ventilhub von 12,2 mm und Steuerzeiten von 25-70-72-22 und ist nahezu unschlagbar in Small-Block-V8 von Ford mit 221, 260, 289 und 302 Kubikzoll Hubraum und serienmäßigen Kolben, die auf eine maximale Drehzahl von 6000/min begrenzt sind. Für den gedachten Zweck ist dies wirklich eine außergewöhnliche Nockenwelle. Sie ist nun wieder von Ford erhältlich und im Motorsportkatalog dieses Unternehmens aufgelistet. Dabei ist die geringe Überschneidung (die Gradzahlen 25 und 22) das Geheimnis in Kombination mit den Geschwindigkeiten der Ventilöffnung und in geringerem Maß mit den Geschwindigkeiten der Ventilschließung.

Bei fast all diesen obengesteuerten V8-Motoren ist es der Wirkungsgrad des Zylinderkopfes, der den Maximalleistungspunkt des Motors auf lange Sicht bestimmt. In praktisch keinem dieser Motoren – solange die Zylinderköpfe serienmäßig bleiben – entwickelt eine Hochleistungsnockenwelle mit 300 Grad Öffnungswinkel gute Leistung. Die Zylinderköpfe lassen einfach nicht genügend Luft durch – egal, wie lange das Ventil geöffnet bleibt. Wer also eine Nockenwelle mit sehr langer Öffnungszeit montiert, erhält keine Vorteile, sondern muss mit dem Nachteil eines holprigen Leerlaufs und eines Drehmomentverlusts im unteren Drehzahlbereich leben.

Mit einem gründlich bearbeiteten Zylinderkopf sieht die Sache schon ganz anders aus. Mit der neuen Nockenwelle läuft er zwar nun nicht mehr nur unruhig, sondern regelrecht holprig. Er wird auch lauter, dreht aber viel williger hoch.

In vielen Fällen ist eine Öffnungszeit von 300 Grad einfach zu viel. Ist ein obengesteuerter V8-Motor im Grunde mit Serienteilen ausgestattet, ist er normalerweise über 6500/min nicht zuverlässig (Kolben und Pleuelstangen). Nach einem sorgfältigen Neuaufbau dreht er aber zuverlässig bis 6000 oder gar 6500/min. In solchen Fällen kann eine Nockenwelle mit Öffnungszeit 275-285 Grad viel effektiver sein, weil die Leistung im mittleren Drehzahlbereich besser ist. Eine solche Nockenwelle hat wahrscheinlich Steuerzeiten von 32-72-70-34 und erzeugt (bei modifiziertem Zylinderkopf) Leistung bis und bei 6500/min und zieht ab Leerlauf (1500-2500/min) gut durch.

Motoren mit einer obenliegenden Nockenwelle

Der Großteil dieser Motoren hat einen guten volumetrischen Wirkungsgrad bis 7000-7200/min, erzeugt dort die maximale Leistung, fällt darüber aber ab, auch wenn höhere Drehzahlen möglich sind. Was Nockenwelle und Kipphebel angeht, gestattet die konstruktive Gestaltung des Motors zuverlässige 8000/min. Einlass- und Auslasskanäle und -trakte taugen dafür jedoch nicht. Im reinen Rennsportbetrieb haben solche Motoren Nockenwellen mit 300 bis 310 Grad Öffnungszeit und laufen auch sehr gut. Allerdings sind Drehzahl und Leistung durch das Luftströmungsvermögen des Zylinderkopfes begrenzt. Auf dieser Grundlage unterscheiden sich derartige Motoren wenig von den obengesteuerten mit ähnlicher Ventilanordnung im Zylinderkopf.

Effektive Leistungsbänder bis zum Maximalleistungspunkt:
Öffnungswinkel 270 Grad: 1000-6000/min
Öffnungswinkel 280 Grad: 2500-6400/min
Öffnungswinkel 290 Grad: 3000-6800/min

Öffnungswinkel 300 Grad: 4000-7000/min
Öffnungswinkel 310 Grad: 5000-7200/min

Motoren mit zwei obenliegenden Nockenwellen pro Zylinderreihe und zwei Ventilen pro Zylinder

Diese Motoren sind stets sehr leistungsfähig, aber sie können es nicht mit Motoren aufnehmen, die vier Ventile pro Zylinder haben. Das Luftaustauschvermögen respektive der volumetrische Wirkungsgrad dieser Motoren gestatten gute Leistung bis 9500-9750/min, sofern der Zylinderkopf gut modifiziert wurde und die eingebauten Motorteile stabil genug sind. Als Öffnungswinkel der Nockenwellen reichen 300 bis 310 Grad. Ist der Zylinderkopf nicht ausreichend gut modifiziert, liegt die Drehzahlobergrenze für gute Leistung niedriger (in manchen Fällen bei 6500-7000/min).

Effektive Leistungsbänder bis zum Maximalleistungspunkt:
Öffnungswinkel 270 Grad: 1500-6000/min
Öffnungswinkel 280 Grad: 2500-7000/min
Öffnungswinkel 290 Grad: 3500-8000/min
Öffnungswinkel 300 Grad: 4500-9000/min

Die Zylinderkopfkonstruktion kann eine ziemliche Begrenzung sein, und bei Straßenautos kann man sehen, warum dies so ist. Die Konstrukteure entwickeln oft Motoren dieser Bauart, um dem Fahrzeug ein sportliches Image zu verleihen. Sie wissen aber, dass ein Rennmotor das Letzte ist, was der Kunde wirklich will. Die Kanäle sind stets konservativ gestaltet, so dass der Motor weniger Kraftstoff verbraucht und bis zu einem Punkt lebhaft ist, der den meisten Normalfahrern angenehm ist. Ausnahmslos gilt, dass der Zylinderkopf immer erheblich modifiziert werden muss, um einen lohnenden Leistungszuwachs zu erreichen.

Motoren mit zwei obenliegenden Nockenwellen pro Zylinderreihe und vier Ventilen pro Zylinder

Bei derartigen Motoren ändert sich der nutzbare Drehzahlbereich dramatisch, weil die Zylinderköpfe so effizient sind, besonders, wenn sie gut bearbeitet wurden. In diese Motoren können Nockenwellen mit 300 Grad Öffnungswinkel verbaut werden. Sie entwickeln ausgezeichnete Leistung bis zu 9000-12000/min und ziehen trotzdem gut durch. Die natürliche Grenze nach oben ziehen eigentlich nur die mechanische Festigkeit der Motor-Bauteile und letztlich die Ventilfedern. Nockenwellen mit längeren Öffnungszeiten für Motoren mit vier Ventilen pro Zylinder sind erhältlich, aber es gibt nicht viele Motoren, in die sie verbaut werden können, außer es handelt sich um reine Rennsportmotoren.

Effektive Leistungsbänder bis zum Maximalleistungspunkt:
Öffnungswinkel 270 Grad: 1500-7000/min
Öffnungswinkel 280 Grad: 2500-8000/min
Öffnungswinkel 290 Grad: 3500-9000/min
Öffnungswinkel 300 Grad: 4500-10.000/min

Der Öffnungszeitbereich dieser Motoren entspricht dem der Motoren mit zwei Ventilen pro Zylinder und obenliegender Nockenwelle respektive dem der obengesteuerten Motoren (OHV), und der Ventilhub dürfte kleiner sein. Der volumetrische Wirkungsgrad dieser Motoren ist der Faktor, der die gute Zylinderfüllung bei viel höheren Drehzahlen als beim OHV-Motor ermöglicht. Wird der Zylinder nicht mehr richtig gefüllt, ist es auch nichts mehr mit der Leistung. Praktisch alle modernen Motoren mit vier Ventilen pro Zylinder erzeugen ausgezeichnete Leistung bis 7000-7500/min nach einem Wechsel der Nockenwelle (280 Grad Öffnungswinkel) sowie bis 7500-8000/min nach geringfügigen Arbeiten an den Luftkanälen mit den gleichen Nockenwellen. Eine derartige Öffnungszeit würde bis zu derart hohen Drehzahlen nie bei einer älteren Konstruktion funktionieren, etwa bei Stößelstangen-Motoren oder bei solchen mit nur zwei Ventilen pro Zylinder.

KAPITEL 3

Überprüfen von Nockenwellen

Nockenwellen sind Präzisionsschleifteile und haben als solche Konstruktionsspezifikationen, anhand derer sie überprüft werden können, um festzustellen, ob sie genau gefertigt wurden oder nicht. Es gibt Fälle, bei denen während des Schleifvorgangs etwas schief läuft und aus irgendeinem Grund unbrauchbare Nockenwellen in Motoren landen. Der Einbau einer nicht perfekten Nockenwelle lässt sich bis zu einem gewissen Grad vermeiden. Allerdings gibt es Teile an der Nockenwelle, die nur in einer Nockenwellen-Schleifmaschine genau überprüft werden können.

Zu den Aspekten der Nockenwelle, die nicht leicht zu überprüfen sind, gehören die Nockenprofile und die Phasenlage (Spreizung) der Nocken. Dennoch sollte jede Austauschnockenwelle vor dem Einbau in einen Motor überprüft werden.

Werden Nockenwellen falsch geschliffen, ist der tatsächliche Fehler ziemlich schwer zu finden. Letztendlich gibt es dennoch nichts an einer Nockenwelle, was nicht mit ziemlich hoher Genauigkeit überprüft werden kann, unabhängig davon, ob die Nockenwelle in den Motor eingebaut wurde oder noch nicht. Allerdings braucht diese Überprüfung ihre Zeit.

Abgesehen von der tatsächlichen Form des Nockens (Kontur) kann die Nockenwelle ziemlich gut vor dem Einbau in einen Motor überprüft werden. Sogar der Zustand des Nockenprofils kann grob überprüft werden, weil es eine Weile dauert, bis die Originalschleifmarkierungen von der Ferse (oder Nase) eines Nockens auf der Nockenwelle entfernt sind. In vielen Fällen lässt sich der Verlust der korrekten Nockengeometrie durch Verschleiß ganz einfach mit den Fingern ertasten. Nockenwellen, die fühlbare Unregelmäßigkeiten aufweisen, sind nicht neu und bestimmt nicht in einem guten Zustand. Letztlich ist es ziemlich einfach, einen guten von einem schlechten Nocken zu unterscheiden. Verschleiß und Schäden sind fast immer leicht zu sehen oder zu fühlen.

Beim Einbau einer gebrauchten Nockenwelle besteht immer ein gewisses Risiko. Allerdings lassen sich derartige Reinfälle fast durchweg verhindern, wenn die Nockenwelle zunächst gründlich überprüft und untersucht wird. Viele gebrauchte Nockenwellen sind tatsächlich in einem ausgezeichneten Zustand.

Es gibt viel, was getan werden kann und sollte, um jede Nockenwelle, neu oder gebraucht, zu überprüfen. Es sollten alle eventuellen Zweifel über die Unversehrtheit der Nockenwelle ausgeräumt sein, bevor sie in den Motor eingebaut wird. Nichts ist

Dieser Nocken ist sehr abgenutzt, und die Nockenwelle ist daher unbrauchbar. Der Zeh ist um 2,5 mm abgenutzt.

Nahaufnahme eines stark abgenutzten Nockens

Dieser Nocken ist praktisch nicht abgenutzt. Eine Nockenwelle, bei der sich alle Nocken in diesem Zustand befinden, ist absolut brauchbar.

Ein per Aufschweißen aufgearbeiteter Nocken

schlimmer, als wenn man eine Nockenwelle wieder ausbauen muss, um einen Fehler zu suchen, und dies durch Überprüfung der Nockenwelle vor dem Einbau hätte verhindern können.

Es können verschiedene Dinge an Nockenwellen nicht stimmen, egal ob sie neu sind oder gebraucht. Zunächst einmal kann die Nockenwelle verbogen sein. Das lässt sich spätestens dann ermitteln, wenn sie sich per Hand nicht ganz leicht durchdrehen lässt. Das übliche Problem bei gebrauchten Nockenwellen ist jedoch der Nockenverschleiß. Die Nocken werden bei maximalem Hub durch den Ventilfederdruck erheblich belastet. Beginnt der Verschleiß, verringern sich der Ventilhub und die Hubgeschwindigkeit pro Grad Nockenwellendrehung, weil die Nocken nach hinten von der Zehe (Nase) und an jeder Seite (Flanke) nach unten verschleißen. Mit zunehmendem Verschleiß der Nocken wird die Ventilbewegung träge, und Motorleistung geht verloren.

Außerdem verschleißen nicht alle Nocken mit der gleichen Geschwindigkeit. Häufig leiden einer oder mehr Nocken im Vergleich zu den anderen Nocken auf der gleichen Welle übermäßig stark. Es braucht nur ein Nocken abgenutzt zu sein (um 1,5 mm oder mehr), und die Nockenwelle kann praktisch abgeschrieben werden.

Nocken auf Nockenwellen lassen sich aber reparieren. Solche Nocken lassen sich mit einer harten Aufschweiß-Legierung aufarbeiten. Wenn die meisten der Nocken einer Welle in einem perfekten Zustand sind, können die fehlerhaften aufgearbeitet und danach deren Profile nachgeschliffen werden.

Tatsächlich werden bei vielen Nockenwellen mit kleinem Grundkreis, die ein Leistungsprofil erhalten, alle Nocken von Beginn an aufgearbeitet. Dies ist üblich bei Motoren mit Nockenwellen, die kleine Kerndurchmesser haben und für die der Bereich der normalen Einstellplättchen (so genannten Shims) begrenzt ist (man denke da an Motoren wie die alten Jaguar-XK-Sechszylinder). Die Nocken werden aufgebaut und ermöglichen nach dem Schleifen den Einsatz von Standard-Shims für die Einstellung des Ventilspiels. Wenn die Nockenwelle „billig“ gemacht ist und einfach heruntergeschliffen wird (unterschnittener Kern), kann sie auf lange Sicht nicht zufriedenstellen, da spezielle Shims gefertigt werden müssen. Besser ist es, diese Art Albtraum zu vermeiden und zunächst die hohen Kosten für den Aufbau der Nocken auf der Nockenwelle zu bezahlen. Von da an ist alles einfach.

Einige Firmen arbeiten Nockenwellen, die diesen Aufbau zur Bewahrung des Kerndurchmessers nutzen, auf und verkaufen sie. Manche haben Nockenwellen mit so genanntem „hard surface overlay“ (harte Oberflächenbeschichtung) im Angebot. Sie verschleißen praktisch nicht, kosten aber eine Menge. Solche Nockenwellen nehmen hohe Ventilfederdrücke auf und zeigen keinerlei Anzeichen von Verschleiß, selbst nach beträchtlicher Nutzungsdauer

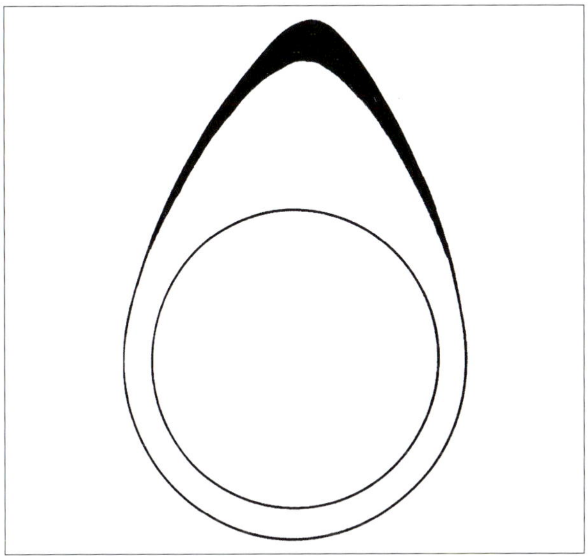

Nachgeschliffener aufgearbeiteter Nocken. Der Aufarbeitungsbereich ist schwarz dargestellt.

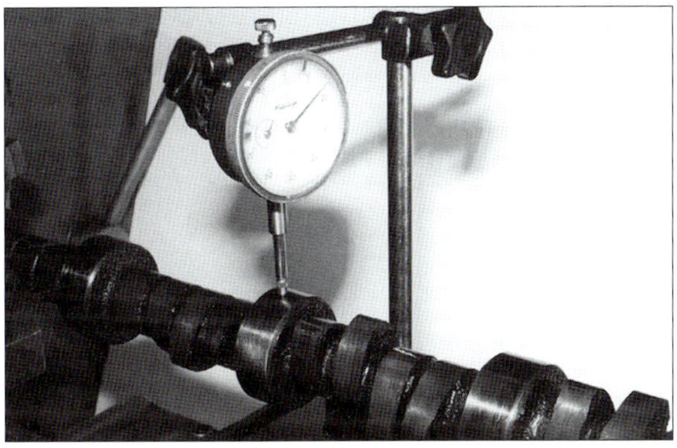

Eine Nockenwelle wird auf Rundlauf geprüft und ist dafür zwischen den Spitzen einer Drehbank eingespannt. Alle Lagerzapfen sind nacheinander zu prüfen. Idealerweise sollten die Lagerzapfen überhaupt keine Unrundheit aufweisen. Eine Unrundheit von 0,0254 bis 0,058 mm ist akzeptabel.

nicht. Nockenschäden sind trotzdem möglich, etwa wenn ein Rollenstößel ausfällt.

Geradheit der Nockenwelle

Die Geradheit jeder Nockenwelle kann zwischen den Spitzen einer Drehmaschine, auf einer Nockenwellen-Schleifmaschine oder zwischen V-Böcken mit einer Messuhr überprüft werden. Drehbänke sind viel weiter verbreitet als Nockenwellen-Schleifmaschinen. Deshalb ist es wahrscheinlicher, dass sie für diesen Zweck verwendet werden.

Bei Motoren mit obenliegender Nockenwelle (cam-in-head) und auswechselbaren Lagerschalenpaaren kann die Wucht der Nockenwelle auch mithilfe des Zylinderkopfes überprüft werden. Nur die vorderen und hinteren Lager werden in Position gelassen, und die Nockenwelle wird nur mit zwei Lagern im Zylinderkopf montiert. Die Brücken werden montiert und mit dem angegebenen Anzugsmoment angezogen. Eine Messuhr wird verwendet, um die Unrundheit der freigelegten Hauptlagerzapfen der Nockenwelle zu überprüfen.

Vorsicht! – Unabhängig davon, ob die Nockenwelle neu oder gebraucht ist, muss sie völlig gerade sein, und dies muss überprüft werden. Idealerweise ist die Unrundheit Null, aber eine Toleranz von bis zu 0,05 mm ist bei langen Nockenwellen akzeptabel. Es gibt keinen Grund, warum eine Nockenwelle nicht absolut gerade sein soll, egal wie lang sie ist, aber eine gewisse Toleranz darf sein.

Vorsicht! – Jede Nockenwelle, von der bekannt ist, dass sie gerade ist, muss sich leicht drehen lassen, wenn sie im Motorblock oder im Zylinderkopf eingebaut ist.

Bei Motoren, bei denen die Nockenwelle im Motorblock sitzt (cam-in-block), kann dies einfach überprüft werden, indem die Nockenwelle einfach in den Block montiert wird. Anschließend werden die Druckplatte oder Anlaufscheiben und das Kettenrad montiert, so dass die Nockenwelle wie im Betrieb angeordnet ist. Dann wird die Nockenwelle mit der Hand gedreht. Jede Blockierung bedeutet, dass die

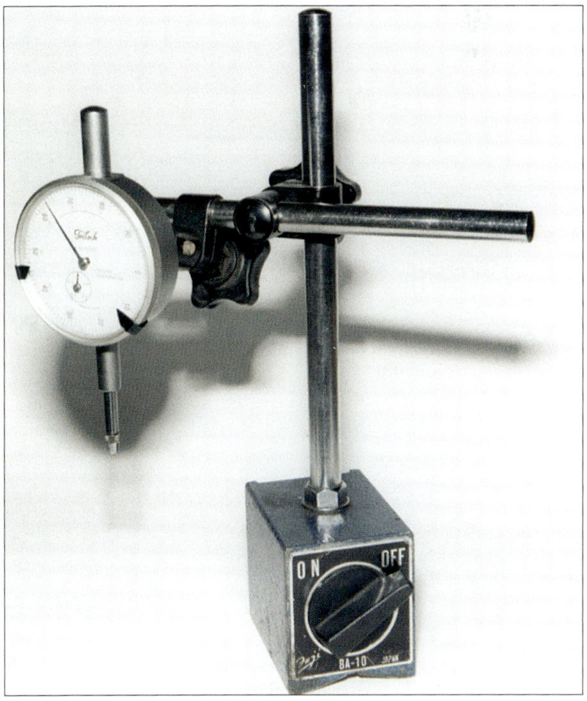

Messuhr und Magnetstativ

Lagerzapfen oder/und die Lager der Nockenwelle beschädigt sind. Egal was dieses Problem verursacht – jetzt ist die Zeit zur Behebung. Wenn die Lagerflächen beschädigt sind (Gratbildung während der Montage), müssen sie leichtgängig gemacht werden. Das lässt sich unter Umständen gar mit einem Dreikantschaber erledigen.

Lager, die die Nockenwelle bremsen, glänzen und sind leicht zu lokalisieren. Wenn die Nockenwellenlager im eingebauten Zustand nicht leichtgängig gemacht werden können, müssen sie ausgebaut und entweder ausgebessert oder ersetzt werden. Die Nockenwelle muss sich bei Drehung mit leichtem Handdruck frei im Block drehen, das ist die Nagelprobe für jede Nockenwelle. Wenn sich eine Nockenwelle im Motorblock nicht dreht, besteht das Problem immer darin, dass einer der Nockenwellenzapfen festsitzt oder beschädigt ist. Der Block wird nur in den allerseltensten Fällen schuld sein.

Nockenwellen, die in den Kopf passen, können genauso einfach überprüft werden, indem Sie in den Zylinderkopf eingebaut und gedreht werden, um festzustellen, wie leicht sie drehen. Auch hier darf es nirgends Behinderungen geben. Falls doch, sollte der erste Blick den Lagern gelten.

Allerdings gilt es noch etwas zu beachten: Obwohl Zylinderköpfe normalerweise sehr starre Gussteile sind, müssen sie beträchtliche Wärme tolerieren. Kritisch wird es, wenn die Zylinderkopfdichtung an einer Stelle undicht wird – nun droht auch dem eigentlich stabilen Kopf Verwindung. Um ihn wieder nutzbar zu machen, muss er plangeschliffen werden, um sauberen Sitz und Dichtigkeit wiederherzustellen. Allerdings wird dabei oft nicht beachtet, dass, obwohl die Kopfdichtungsfläche zu ihrer Wiederherstellung plangeschliffen wurde, der Zylinderkopf immer noch in anderen Bereichen verzogen ist. So kann sich die Nockenwellenachse gegenüber der werksseitigen Anordnung verschieben. Leicht ergeben sich da einer oder mehr Millimeter Versatz mit der Folge, dass die Welle sich nurmehr schwer oder womöglich gar nicht mehr drehen lässt.

Es ist nicht unmöglich, Nockenwellen auch in verzogene Zylinderköpfe einzubauen, etwa wenn die Nockenwellenkerne ziemlich klein sind, so dass sich die Nockenwelle beim Rotieren im Motor biegt. Das Ergebnis sind allerdings für gewöhnlich Nockenwellenbruch und verbogene Ventile. Derart beschädigte Zylinderköpfe sind wegen der Kosten der Nachbearbeitung zur Wiederherstellung der Nockenwellen-Lagerachse eigentlich Totalschäden. Immerhin müssten sie neben allerlei sonstiger Reparaturarbeiten in der Flucht neu gebohrt werden. Handelt es sich um ein sehr seltenes oder schwer ersetzbares Teil, könnte sich der Aufwand lohnen. Allerdings bleiben immer noch damit zusammenhängende Probleme wie die Wiederherstellung der 90-Grad-Achse der Ventile und der Nockenfolger-Bohrungen.

Zustand der Nockenwellenenden

Die Oberflächen der Nockenwellenenden sind zu überprüfen. Sie müssen die gleiche Güte besitzen wie die Kurbelwellenzapfen und die Pleuellager, also makellos hochglänzend. Eine raue Oberfläche verursacht Lagerverschleiß. Der kann sich recht schnell vollziehen, handelt es sich doch um einen Bereich großer Belastung, namentlich wenn hohe Ventilfederdrücke mit hohen Motordrehzahlen einhergehen. Nockenwellen-Lagerzapfen verschleißen oder werden zerkratzt, wenn der Motor mit verschmutztem Öl betrieben wird oder wenn irgendwoanders im Motor ein Schaden auftritt und sich Bruchstücke und Späne im ganzen Motor verteilen. Die Schmutzpartikel schließen sich selbst in die Oberfläche von weichen Werkstoffen ein (Aluminium des Kopfes oder des ausbaubaren Nockenwellenlagers) und arbeiten bei der Rotation der Nockenwelle auf der Lagerzapfenoberfläche. Eine andere Gefahr droht, wenn die Lagerzapfen aufgeraut (geätzt) werden, wenn die Nockenwelle parkerisiert oder phosphatiert wird. Werden die Nockenwellen-Lagerzapfen während dieses Prozesses nicht abgedeckt und die Nockenwelle bleibt zu lange im Behälter, können die Lagerzapfen irreparabel beschädigt werden. Die Zapfenoberfläche kann poliert werden, aber die Rauheit ist immer noch da, und das Lager wird bei starken Ventilfedern keine lange Lebensdauer haben. Die Nockenwellen-Lagerzapfen müssen absolut glatt und poliert sein, nichts anderes kommt in Frage.

Nockengenauigkeit

Hydraulische Nocken (solche, die mit hydraulischen Tassenstößeln verwendet werden) müssen alle auf Unrundheit des Grundkreises überprüft werden. Bei

Ordnungsgemäße Oberflächenbeschaffenheit des Lagerzapfens

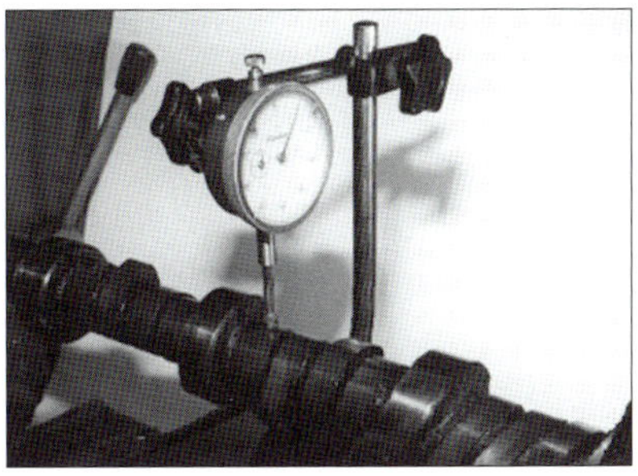

Überprüfung eines Nockengrundkreises mit zwischen den Spitzen einer Drehbank eingespannter Nockenwelle. Bei einer hydraulischen Nockenwelle beträgt die zulässige Unrundheit des kreisförmigen Bereiches 0,0254 mm.

Überprüfung des Nockens über den Stößel. Der Zeiger der Messuhr wird zur Ablesung der vertikalen Stößelbewegung positioniert. Es wird davon abgeraten, die Stößelaufnahme während dieser Prüfung zu ölen.

einer hydraulischen Nockenwelle darf praktisch keine Unrundheit vorhanden sein (maximal 0,025 mm). Weist eine Nockenwelle einen oder mehrere Nocken mit zu großer Unrundheit (0,076 oder mehr) auf, können die Stößel nicht richtig arbeiten, da der Stößel respektive der Tassenstößel, der durch den fehlerhaften Nocken betätigt wird, das Schließen des Ventils unmöglich macht. Ein betroffener Motor hat Verluste im Leerlauf, über den gesamten Drehzahlbereich und bei voller Drehzahl.

Wenn der Grundkreis des Nockens auf Unrundheit überprüft ist, besteht kein Zweifel an der Unversehrtheit der Komponenten. Falls dann später Probleme bei der Einstellung auftreten, kann die Nockenwelle bereits als mögliche Ursache von der Liste gestrichen werden.

Die Überprüfung der Unrundheit des Grundkreises eines Nockens auf einer hydraulischen Welle zwischen den Spitzen einer Drehbank mit einer Messuhr und einem Magnetstativ dauert fünf Minuten. Diese Überprüfung sollte gleichzeitig mit der Kontrolle der Lagerzapfen auf Rundlauf (Konzentrizität) durchgeführt werden. Nocken können auch im Motorblock, im Zylinderkopf oder auf V-Böcken mit einer Messuhr und einem Stativ auf Rundlauf überprüft werden. Allerdings lässt sich das zwischen den Spitzen einer Drehmaschine generell einfacher bewerkstelligen.

Ist die Nockenwelle im Block gelagert, lässt sich der Rundlauf mit einer Messuhr und einem Magnetstativ überprüfen. Die Nockenwelle bleibt im Motor eingebaut, und die Nocken werden durch die Stößelbohrungen hindurch kontrolliert. Dafür kann der Taststift der Messuhr direkt den Nocken berühren oder, wenn der Anzeigetaststift nicht lang genug ist, die Oberseite eines Stößels. Wenn ein Stößel für die Überprüfung verwendet wird, muss er mit einem kleinen Schraubendreher in Kontakt mit dem Nocken der Nockenwelle gehalten werden, während die Nockenwelle über die Ferse oder den Grundkreis des Nockens von einem Stößel-Erhebungspunkt zum nächsten gedreht wird.

Ist die Nockenwelle im Zylinderkopf angeordnet, wird sie in den Kopf eingebaut und der Grundkreis jedes Nockens mit einer Messuhr und mit einem Magnetstativ überprüft. Besteht der Kopf aus Gusseisen, kann das Magnetstativ fast immer einfach angebracht werden. Ist der Kopf aber aus Aluminium gefertigt, muss an den Zylinderkopf eine Stahlplatte angeschraubt werden, an der dann das Magnetstativ haftet. Auf alle Fälle dauert es fünf Minuten, um den Taststift einer Messuhr über den Grundkreis der Nocken auf der Nockenwelle laufen zu lassen. Ein Fehler muss jetzt gefunden werden, nicht erst, nachdem der Motorumbau abgeschlossen ist.

Beachte: Die Unrundheit des Grundkreises ist normalerweise bei mechanischen Nockenwellen kein Problem, da der Grundkreis das Ventil nur anhebt, wenn das Ventilspiel aufgebraucht ist.

KAPITEL 4

Grundlagen der Nockenwellensteuerung

Die meisten Hersteller von Hochleistungsnockenwellen sowie Nockenwellen-Aufarbeitungsfirmen empfehlen Kunden die Verwendung einer Gradscheibe (eigentlich ein 360-Grad-Winkelmesser) und liefern normalerweise eine solche für die Überprüfung der Nockenwellensteuerung. Die Gradscheibe wird an die Kurbelwelle geschraubt. Ein Zeiger wird angebracht und die Scheibe auf den wahren OT eingestellt. Dann wird die Gradzahl beim maximalen Hub des Einlassventils am Zylinder 1 abgelesen. Die Nockenwelle wird entweder vor- oder nacheilend eingestellt (über einstellbare Räder mit Nonius oder Versatzscheibenfedern), bis sie entsprechend der Spezifikation gesteuert wird. Manche Nockenwellen werden bei bestimmten Stößelhub- und fallpunkten gesteuert. In beiden Fällen wird die Scheibe am Motor montiert. Anschließend wird die Nockenwellensteuerung eingestellt und danach die Scheibe wieder entfernt.

Die Verwendung einer Gradscheibe und die Anbringung dieser für die Kontrolle der Nockenwellensteuerung sind gut und schön, aber in der Praxis nicht immer praktikabel. Dies ist ein gutes Verfahren, wenn der Motor das erste Mal aufgebaut wird, aber nicht unbedingt, wenn der Motor eine Weile gelaufen ist und plötzlich festgestellt wird, dass die Motorleistung abfällt. Um die Nockenwelle als mögliches Problem auszuschließen und festzustellen, dass alles in Ordnung ist, möchte man die Nockenwellensteuerung überprüfen.

Bei manchen Triebwerken (bei den meisten) ist es nicht leicht, eine Gradscheibe einzustellen. Außerdem muss fairerweise gesagt werden, dass bei einem im Fahrzeug eingebauten Motor die Markierungen am Schwingungsdämpfer oder an der Riemenscheibe der Kurbelwelle schwer ablesbar sind. Sofern die Markierungen für die Einstellung der Nockenwellensteuerung auf dem Schwingungsdämpfer respektive an der Riemenscheibe der Kurbelwelle richtig angebracht sind, erleichtern sie zumindest die Arbeit bei der Überprüfung der Nockenwellensteuerung auf Fehler.

Genaue Markierungen auf Schwingungsdämpfer oder Riemenscheibe sind ebenfalls hilfreich bei Experimenten mit der Nockenwellensteuerung bei Leistungstests. Wird die Einstellung der Nockenwellensteuerung im Bemühen zur Feststellung der besten Gesamteinstellung geändert, kann die Verstellung der Scheibe für jede Einstellung ziemlich zeitaufwändig sein.

Empfohlen wird die dauerhafte Markierung des Schwingungsdämpfers oder der Riemenscheibe der Kurbelwelle mit den entsprechenden Nockenwellen-Steuerzeiten (Punkt des maximalen Hubs des Einlassventils am Zylinder 1 und eventuell die Öffnungs- und -Schließpunkte des Einlassventils). Dies bedeutet, dass sich auf Schwingungsdämpfer oder Riemenscheibe mindestens eine OT-Linie und die üblichen Zündzeitmarkierungen sowie der Punkt des maximalen Hubs befinden. Hat der Motor mehr als eine Nockenwelle, gibt es mehrere Markierungen für den Punkt des maximalen Hubs oder für einen alternativen Bezugspunkt (etwa Einlass-Schließpunkt oder Auslass-Öffnungspunkt).

Nachdem Riemenscheibe oder Schwingungsdämpfer genau markiert worden sind, bedarf es nur noch folgender Schritte zur Überprüfung der Nockenwellensteuerung: Abnahme des Ventildeckels, Montage einer Messuhr an die Ventilaufnahme oder den Nockenfolger des Einlassventils für den Zylinder 1, Durchdrehen des Motors auf die Position des maximalen Hubs und Überprüfung, ob die Steuerung von der ursprünglichen Einstellung abweicht. Dies ist bei kettengetriebenen Nockenwellen sehr wichtig. Die Ketten verschleißen, und die Nockenwellensteuerung kann nacheilen. Eine derartige Überprüfung dauert normalerweise nicht länger als zehn bis fünfzehn Minuten, und wenn die Nockenwellensteuerung justiert werden muss und der Motor mit einer einfachen Verstellmöglichkeit

(einstellbare Räder mit Nonius, Ausgleichsstifte) ausgestattet ist, kann dies ebenfalls relativ einfach bewerkstelligt werden.
Leider führt bei einigen Motorkonstruktionen kein Weg an umfangreichen Arbeiten zur Einstellung der Nockenwellensteuerung vorbei. Ist der Schwingungsdämpfer oder die Riemenscheibe der Kurbelwelle eines solchen Motors dauerhaft markiert, ist es ziemlich einfach, die Steuerung zu überprüfen, aber die Justierung bleibt schwierig. Bei einem derartigen Motor muss eventuell der Steuergehäusedeckel abgenommen werden (um an das Nockenwellen-Kettenrad zu gelangen). Dies wiederum kann bedeuten, dass die Wasserpumpe (und alles was damit zusammenhängt), die Ölpumpe und der Verteiler ausgebaut werden müssen und die Dichtung zwischen Steuergehäusedeckel und Ölwanne in Mitleidenschaft gezogen wird. Bei abgebautem Steuergehäusedeckel kann die Nockenwellensteuerung durch beliebige Mittel justiert und anschließend durch Anbringung einer Gradscheibe und eines Zeigers oder durch die vorläufige Anbringung des Steuergehäusedeckels und Verwendung der dauerhaften Markierungen und des OT-Zeigers wie üblich überprüft werden. Dies bedeutet, dass eine Kombination aus den beiden Systemen für die Justierung und Überprüfung der Nockenwellensteuerung verwendet wird.
Auch wenn eine Änderung der Nockenwellensteuerung oder die Rückkehr zur vom Hersteller vorgegebenen Einstellung viel Arbeit machen, kann sich das dank Leistungsgewinns lohnen. Es gibt nur eine Möglichkeit, dies herauszufinden – den Versuch. Das kann also eine oder zwei Stunden lang dauern, oder aber bloß zehn Minuten. Die meisten Nockenwellen funktionieren am besten mit den Spezifikationen des Herstellers, dies ist aber nicht immer der Fall. Eine geringfügige Vor- oder Nacheilung könnte eine winzige Leistungssteigerung im mittleren Drehzahlbereich bringen, wobei am oberen Ende keine Verbesserung erreicht wird. Allerdings arbeitet der Motor mit der Änderung tatsächlich besser, egal wie geringfügig die Verbesserung ist.

Überprüfung des oberen Totpunktes

Die OT-Markierung eines Motors wird als Bezugspunkt für so viele Dinge verwendet, dass sie genau

Fester Anschlag aus Flachstahl mit einstellbarer Schraube und Kontermutter

sein muss. Ihre hundertprozentige Genauigkeit muss nicht wirklich überprüft werden, wenn eine angeschraubte Gradscheibe zusammen mit dem wahren OT durch Messung der Kolbenbewegung eingestellt wird. Aber wenn die Gradscheibe mit den Original-OT-Markierungen des Motors ausgerichtet werden soll, müssen diese Markierungen hundertprozentig genau sein.
Wenn die OT-Position und die Markierungen der Nockenwellensteuerung, die in Bezug auf sie angebracht wurden, nicht ganz genau sind, ist die Nockenwellensteuerung von da an fehlerbehaftet. Bei einem Hochleistungsmotor ist die Feststellung des genauen OT unbedingt notwendig.
Der obere Totpunkt lässt sich präzise am besten nach Abnahme des Zylinderkopfes vom Motor und durch die Verwendung einer Messuhr oder eines festen Anschlags ermitteln. Ist der Motor zusammengebaut und muss der Zylinderkopf nicht bereits aus einem anderen Grund abgenommen werden, sollte natürlich eine andere Methode verwendet werden (glücklicherweise gibt es mehrere).
Wird eine Messuhr verwendet, dreht man die Kurbelwelle, bis der Kolbenboden in beiden Richtungen an einen gleichen Punkt ganz kurz vor und nach OT kommt. An diesen beiden Punkten wird die Kurbelwellen-Riemenscheibe vorläufig markiert. Der genaue OT ist der Mittelpunkt zwischen diesen vorläufigen Markierungen. Man sollte nicht schwach werden und versuchen, den OT mit der Messuhr abzulesen. Eigentlich „stoppt" der Kolben über mehrere Kurbelwellengrade bei OT. In den folgenden Abschnitten wird die Methode mit festem Anschlag beschrieben.
Ist der Motor vollständig zusammengebaut, wird üblicherweise eine Messuhr mit Stativ und einem

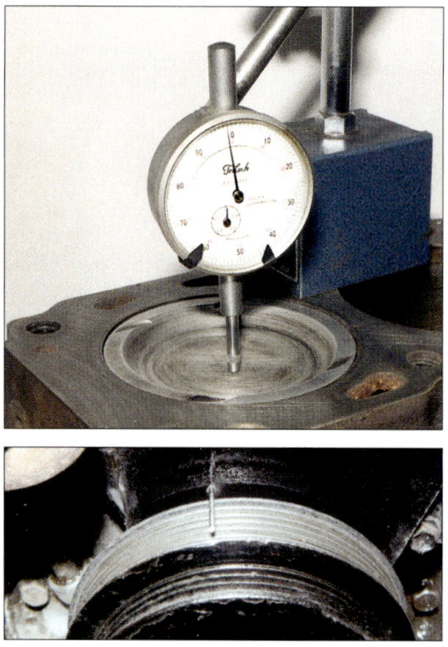

Zylinder Nummer 1 bei OT. Die Nadel der Messuhr zeigt den höchsten Punkt des Kolbenweges an. Der Zeiger steht gegenüber der OT-Markierung auf der Riemenscheibe der Kurbelwelle.

Die Nadel der Messuhr befindet sich am vorgeschriebenen Punkt vor OT. Der Zeiger befindet sich rechts von der OT-Markierung auf der Riemenscheibe der Kurbelwelle. Die Riemenscheibe ist in Flucht mit dem Zeiger zu markieren.

Die Nadel der Messuhr befindet sich am vorgeschriebenen Punkt nach OT. Der Zeiger befindet sich links von der OT-Markierung auf der Riemenscheibe der Kurbelwelle. Die ist in Flucht mit dem Zeiger zu markieren. Der „genaue" OT liegt in der Mitte zwischen den beiden vorläufigen Markierungen. In diesem Fall war die OT-Markierung des Herstellers genau.

langen Taststift verwendet, der durch die Zündkerzenbohrung geführt wird und mit dem man den Kolbenboden erstastet. Alternativ kann Weichlot durch die Zündkerzenbohrung eingeführt und zwischen der Oberseite des Kolbens und dem flachen Teil der Zylinderkopfdichtfläche positioniert und als „fester Anschlag" verwendet werden. Bei letzterer Methode wird die Kurbelwelle im Uhrzeigersinn gedreht, bis der Kolbenboden das Lot berührt, wodurch ein Weiterdrehen verhindert wird.

Anschließend wird die Position des OT-Zeigers am Motorblock in Bezug auf den Schwingungsdämpfer respektive die Riemenscheibe der Kurbelwelle markiert. Danach wird die Kurbelwelle gegen den Uhrzeigersinn gedreht, bis der Kolben wieder gestoppt wird. An diesem Punkt wird der Schwingungsdämpfer respektive die Riemenscheibe der Kurbelwelle erneut markiert. Der genaue OT ist die exakte Mitte zwischen diesen beiden Linien, die soeben aufgebracht wurden. Natürlich muss bei dieser Methode darauf geachtet werden, dass das Weichlot nicht gequetscht oder bewegt wird. Das Weichlot muss dick genug sein, damit es als Anschlag dienen kann. Aber alles in allem ist dies eine sehr effektive und schnelle Möglichkeit zur Feststellung des genauen OT eines Motors, sofern er eine Quetschfläche hat. Die folgende Methode ist für mehr seitlich montierte Zündkerzen geeignet, bei denen ein vertikaler Zugang zur Oberseite des Kolbens über den Taststift der Messuhr schwierig oder gar unmöglich ist.

Im schlimmsten Fall hat der Kolbenboden eine spezielle Form oder Kontur, und die Zündkerze ist seitlich montiert. Dann muss eine Zündkerze modifiziert werden, um als Anschlag zu dienen. Sie wird aufgebrochen, um den Gewindeteil zu erhalten. Ein 8 mm starker Stab aus Weichstahl wird in ihr Ende gelötet, so dass der Stab weit genug in den Verbrennungsraum hineinragt und den Kolbenboden kurz vor OT berührt. Das Ende des Stabes sollte abgerundet werden, um ein Zerkratzen der Kolbenoberseite zu verhindern. Die Kurbelwelle ist vorsichtig in beide Richtungen bis zum Kolbenkontakt zu drehen. **Vorsicht!** – Es muss darauf geachtet werden, dass die Ventile das Stück Rundstab, das in das Ende der Zündkerze gelötet wurde, beim Durchdrehen des Motors nicht berühren können.

Die Standardmarkierungen, die der Motorhersteller angebracht hat, sollten nie als absolut genau vorausgesetzt werden. Sie müssen kontrolliert werden. Wird festgestellt, dass sie falsch sind, müssen die

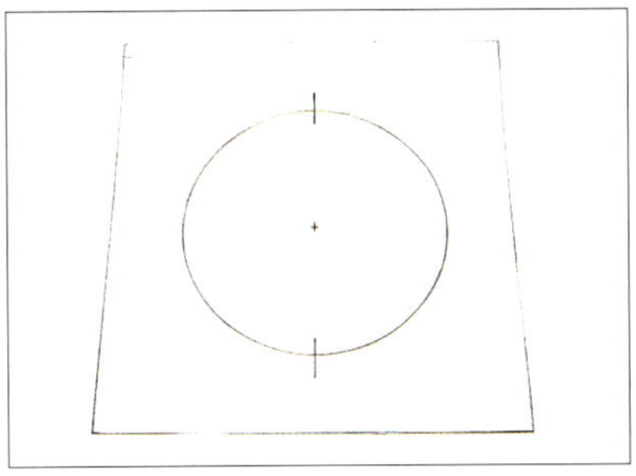

Papier mit Mittelpunkt und Kreis mit dem Durchmesser der Riemenscheibe respektive des Schwingungsdämpfers

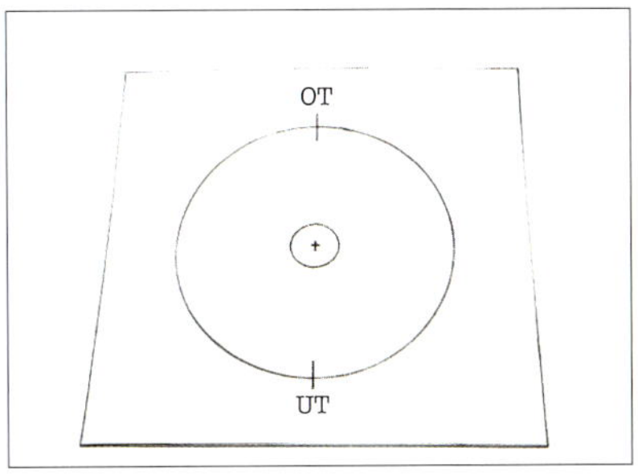

Linien stellen OT und UT dar.

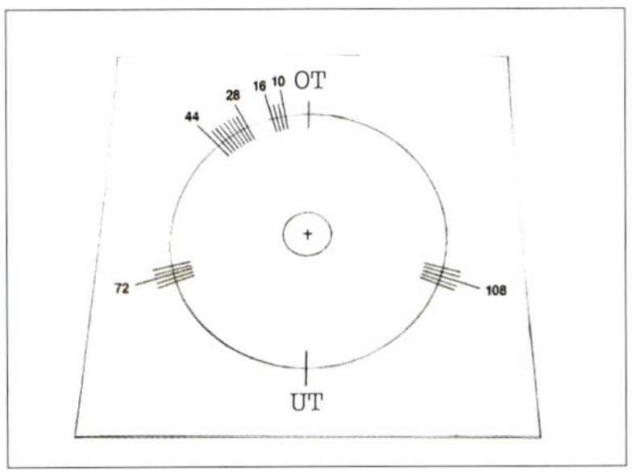

Alle relevanten Gradmarkierungen sind genau am Umfang des Kreises aufgetragen.

Markierungen am Schwingungsdämpfer oder an der Riemenscheibe der Kurbelwelle geändert oder der am Motorblock montierte OT-Zeiger so verschoben werden, dass der OT genau registriert ist.

Markierung des Schwingungsdämpfers respektive der Riemenscheibe der Kurbelwelle

Für die genaue Markierung des Schwingungsdämpfers respektive der Riemenscheibe der Kurbelwelle muss das entsprechende Teil vom Motor abgebaut werden. Folgende Dinge werden benötigt: ein Stück weißes Papier oder Pappe, ca. 30x30 cm groß, ein 360-Grad-Winkelmesser, ein Zirkel, ein 30 cm langes Lineal, ein rechtwinkliges Dreieck, ein Filzstift mit feiner Spitze und ein Bleistift oder ein Kugelschreiber.

Markieren Sie die Mitte des Papierstücks und messen Sie den Durchmesser des Schwingungsdämpfers oder der Riemenscheibe der Kurbelwelle. Stellen Sie den Zirkel auf den Radius ein und zeichnen Sie vom Mittelpunkt aus einen Kreis auf das Papier, um das Pendant der Riemenscheibe zu erhalten. Zeichnen Sie danach mit dem Lineal eine Gerade durch den Mittelpunkt des Kreises, die ihn an beiden Seiten um etwa 25 mm überragt. Kennzeichnen Sie den oberen Punkt der Gerade mit OT und den unteren Punkt mit UT. Legen Sie die Riemenscheibe mit der Vorderseite nach unten aufs Papier. Das bedeutet, dass von nun an alle Gradmarkierungen auf dem Papier umgekehrt sein werden. Allerdings werden die Ziffern richtig vom Papier auf den Schwingungsdämpfer übertragen.

Legen Sie den 360-Grad-Winkelmesser genau in die Mitte des Kreises, wobei der Null-Grad-Punkt auf der OT-Markierung liegt. Die Gradmarkierungen, die für den entsprechenden Motor gelten, können nun auf das Papier aufgetragen werden.

Auf der Abbildung sind folgende Nockenwellen-Steuerzeiten dargestellt: Öffnungswinkel 284 Grad, Steuerzeiten 32-72-73-31 und der Punkt der vollen Öffnung des Einlassventils (Vollhub) bei 108 Grad nach OT. Im Beispiel sind alle Gradmarkierungen (einschließlich Zündung) dargestellt, die bei diesem Motor jemals gebraucht werden. Zusätzliche Linien in Abständen von zwei Grad wurden ebenfalls auf dem Schwingungsdämpfer aufgebracht, so dass genaue Ablesungen von beiden Seiten der vorgeschriebenen Zeitpunkte vorgenommen werden können.

Geht man im Beispiel von der OT-Markierung gegen den Uhrzeigersinn, sieht man bei 10, 12, 14 und 16 Grad die Zündzeitpunkte. Außerdem sind folgende Gradzahlen markiert: 28, 30, 32, 34, 36, 38, 40, 42 und 44. Die Gradmarkierungen 28, 30, 32, 34 und 36 sind für die Nockenwellensteuerung bestimmt, während die Gradmarkierungen 36, 38, 40, 42 und 44 für

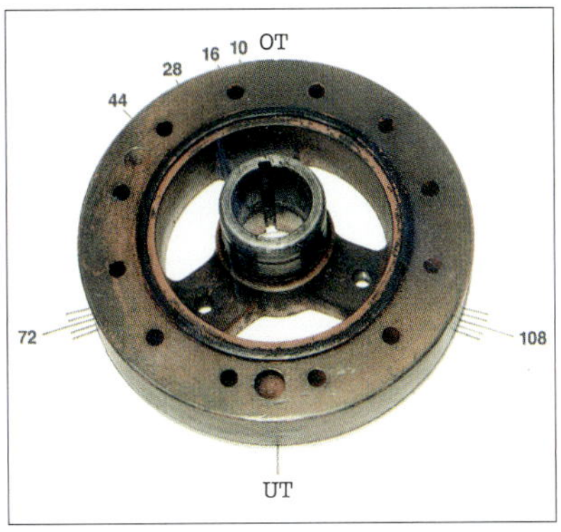

Schwingungsdämpfer mit der Vorderseite nach unten auf dem Papier, bereit für die Übertragung der Steuerpunkte

Schwingungsdämpfer in der Fräsmaschine zur Einarbeitung der neuen Gradmarkierungen

die Zündsteuerung gedacht sind. Der 36-Grad-Punkt ist hier doppelt aufgeführt, da er tatsächlich sowohl für die Zünd- als auch für die Nockenwellensteuerung verwendet werden kann. Außerdem sind der 72-Grad-Punkt markiert und jeweils 4 Grad auf jeder Seite von ihm in 2-Grad-Schritten. Die Gradpunkte 104, 106, 108, 110 und 112 sind ebenfalls markiert. **Beachte:** Hersteller oder Schleifer von Nockenwellen verwenden unterschiedliche Stößelerhebungspunkte oder Prüfhübe an den Öffnungs- und Schließpunkten ihrer Nockenwellen. Einige Schleiffirmen verwenden 0,10 mm, 0,25 mm, 0,40 mm, 0,50 mm, 0,60 mm, 1,25 mm oder 1,325 mm und auch noch ein paar andere Hübe. Das spielt keine Rolle, sofern man die entsprechende Höhe und die dazugehörigen Gradzahlen kennt. Auch nachdem all diese Informationen auf dem Schwingungsdämpfer oder auf der Riemenscheibe aufgebracht sind, kommt es am Ende darauf an, die Nockenwelle zeitlich so einzustellen, dass der Motor am besten läuft. Das Aufbringen der beschriebenen Gradmarkierungen ist die beste Orientierung, die man haben kann, aber letztendlich kann die Nockenwelle entsprechend der Spezifikation gesteuert werden oder auch nicht.

Der Schwingungsdämpfer kann nun mit der Vorderseite nach unten auf das Stück Papier gelegt werden. Dabei stimmt die OT-Markierung genau mit der auf das Papier aufgetragenen OT-Linie überein, und der Schwingungsdämpfer respektive die Riemenscheibe liegt zentriert auf dem Durchmesserkreis.

An dieser Stelle stimmen alle Gradpunkte auf Papier und Scheibe miteinander überein und können mit einem rechtwinkligen Dreieck und einem feinen Filzstift übertragen werden. Nach der Übertragung aller Punkte auf den Schwingungsdämpfer oder die Riemenscheibe ist noch einmal zu kontrollieren, dass die Original-OT-Markierung mit der OT-Linie auf dem Papier übereinstimmt und dass der Schwingungsdämpfer immer noch konzentrisch auf dem Durchmesserkreis liegt. Anschließend sind alle Gradmarkierungen zu kontrollieren, um sicherzustellen, dass sie alle mit den Zeitmarkierungen auf dem Papier übereinstimmen.

Wenn der genaue OT bereits überprüft wurde, kann man sich auf die Genauigkeit der zusätzlichen Markierungen auf dem Schwingungsdämpfer respektive auf der Riemenscheibe verlassen.

Gradmarkierungen werden in den Rand der Kurbelwellen-Riemenscheibe gefeilt.

Anschließend können der Schwingungsdämpfer auf einen Fräsmaschinentisch eingespannt und jeder Steuerpunkt dauerhaft auf den Außenrand gefräst werden. Alternativ können die Linien sorgfältig mit einer Dreikantfeile eingefeilt werden. Es ist ein Winkel zu verwenden, um zu überprüfen, dass die gefeilte Linie exakt 90 Grad zur Vorderseite des Schwingungsdämpfers respektive der Riemenscheibe eingebracht wird. Zuerst ist die Linie leicht einzufeilen. Dann ist zu überprüfen, dass sie wirklich rechtwinklig ist, bevor sie bis zu einer Tiefe von etwa 0,6 mm gefeilt wird.

Anschließend werden entsprechende Zahlen und Buchstaben auf die Oberfläche gestempelt, um die neuen Markierungen zu kennzeichnen, so dass es jetzt und später keine Verwirrung über die tatsächliche Bedeutung jeder Markierung gibt. Für zusätzliche Klarheit kann weiße Farbe in die gestempelten Ziffern und Hauptmarkierungen eingebracht werden, um sie hervorzuheben.

Überprüfung der Nockenwellensteuerung mithilfe der Vollhubposition

Man kann aus einem Hochleistungsmotor nur das herausholen, was man hineinsteckt. Manchmal jedoch bekommt man viel weniger aus einem Motor heraus als man hineingesteckt hat. Das kann an einer notwendigen, relativ einfachen Einstellung liegen.

Solch eine einfache Einstellung ist die Vor- oder Nacheilung der Nockenwellensteuerung gegenüber der genauen Standardposition, um herauszufinden, ob ein Leistungsgewinn möglich ist. Allerdings muss zunächst Gewissheit darüber erlangt werden, ob die Austauschnockenwelle exakt nach den Vorgaben des Herstellers oder der Schleiffirma gesteuert wird. Anschließend ist der Motor zu testen. Der nächste Schritt ist die Einstellung der Nockenwelle um 2 und danach 4 Grad Voreilung gegenüber dieser Position und die erneute Überprüfung der Motorleistung. Anschließend ist eine Nacheilung der Nockenwellensteuerung um 2 und danach 4 Grad gegenüber der ursprünglich empfohlenen Position einzustellen, und der Motor ist erneut zu testen, um festzustellen, welche der Einstellungen die beste Leistung für die entsprechenden Anforderungen gebracht hat.

Soll eine Gradscheibe verwendet werden, muss sie zuerst in Bezug auf den OT des ersten Zylinders eingestellt werden. Im Interesse absoluter Genauigkeit ist es üblich, die Gradscheibe unabhängig einzustellen und sich nicht auf die OT-Markierung auf dem Schwingungsdämpfer respektive auf der Riemenscheibe der Kurbelwelle zu verlassen. Ist der Schwingungsdämpfer genau markiert, ist keine Gradscheibe notwendig.

Der Vollhubpunkt, wie er vom Hersteller oder dem Schleifer der Nockenwelle verwendet wird, bezieht sich auf das Einlassventil des Zylinders 1. Außerdem ist es gut möglich und wird empfohlen, dass die tatsächlichen Öffnungs- und Schließpunkte des Einlassventils gemessen und notiert werden, und sei es nur als zusätzliche Kontrolle, um zu sehen, wie genau die Nockenwelle ist. Zunächst wird eine Messuhr zur Messung des maximalen Ventilhubs verwendet. An diesem Vollhubpunkt wird der Messuhrzeiger auf Null gestellt.

Anschließend wird die Kurbelwelle um etwa 30 Grad gegen den Uhrzeigersinn (bei einem im Uhrzeigersinn drehenden Motor) vor die Vollhubposition gedreht und dann wieder an einen Punkt 0,25 mm vor die Vollhubposition gebracht. Der tatsächliche Gradwert wird an der Gradscheibe, sofern vorhanden, abgelesen, oder der Vollhubpunkt wird auf dem Schwingungsdämpfer respektive auf der Riemenscheibe der Kurbelwelle mit einem weißen Marker (weiß zur besseren Sichtbarkeit) gekennzeichnet.

Aus technischer Sicht ist es wichtig, dass die Position des Messuhrzeigers exakt angibt, wo sich die Ventile in Bezug auf den Vollhub befinden. Der zweite Teil dieses entscheidenden Verfahrens ist die Feststellung der exakten Vollhubposition (mindestens auf ein Grad genau) durch die Aufnahme von Punkten auf jeder Seite der tatsächlichen Vollhubposition. Dabei handelt es sich um einen Sollwert vor Vollhub bei einem öffnenden Ventil und um den gleichen Sollwert bei einem schließenden Ventil. Der Begriff „Sollwert“ bedeutet den genauen Betrag der Ventilbewegung vor dem Vollhubpunkt und genau denselben Betrag der Ventilbewegung nach Vollhub.

Die folgenden Beispiele verwenden 0,25 mm, aber man kann auch 0,125 mm verwenden. Dabei kann sich je nach Abstand zum zentralen Vollhub-Steuerungspunkt der Nockenwelle ein Maß praktischer als ein anderes erweisen. Die Vollhubposition im Beispiel liegt bei 108 Grad nach OT für das Einlassventil (siehe Diagramm auf Seite 34).

Die Kurbelwelle wird dann über den Vollhubpunkt hinaus gedreht, bis der Punkt 0,25 mm auf der Messuhr wieder auftritt (siehe Diagramm auf Seite 34). Erneut wird der Messwert von der Gradscheibe abgelesen oder die Riemenscheibe wird markiert. Die exakte Vollhubposition befindet sich dann in der Mitte zwischen den beiden Messwerten, die an den Haltepunkten abgelesen wurden. Diese genaue Gradzahl wird dann mit dem Datenblatt des Herstellers verglichen.

Dabei ist die Nockenwelle in die Richtung zu drehen, in der sie normalerweise rotiert, um zu verhindern, dass Spiel im Nockenwellenantrieb die Messwerte beeinträchtigt.

Zunächst sollte stets die Vollhub-Steuerposition des Nockenwellenherstellers verwendet und getestet werden. Anschließend ist der Motor nach Voreilung um 2 und 4 Grad respektive nach Nacheilung um 2 und 4 Grad KW zu testen. Eventuell hat der Motor in einer dieser Positionen eine bessere Leistung. Nach dem Test des Motors mit verschiedenen empfohlenen Einstellungen ist jene Nockenwellensteuerung zu wählen, die für die jeweiligen Anforderungen die beste Motorleistung ergibt. Es ist zu beachten, dass es praktisch keinen Punkt jenseits der 4 Grad von der aufgelisteten Einstellung für die Vor- oder Nacheilung der Nockenwelle gibt. Wenn kein Unterschied zwischen den vorgeschlagenen Einstellungen erkennbar ist, sollte der Motor mit den vom Hersteller der Nockenwelle vorgegebenen Einstellungen betrieben werden.

Ventil maximal geöffnet (Vollhub) und Nadel der Messuhr auf Null gestellt.

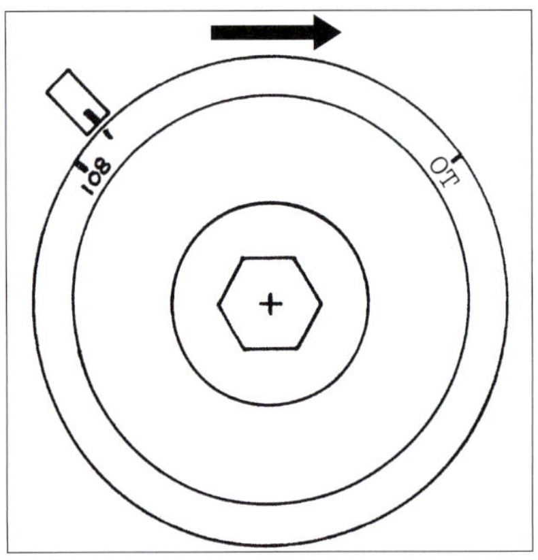

Die Nadel der Messuhr steht auf 0,025 mm vor der Nullstellung. Die Riemenscheibe der Kurbelwelle ist in Flucht mit dem Zeiger zu markieren.

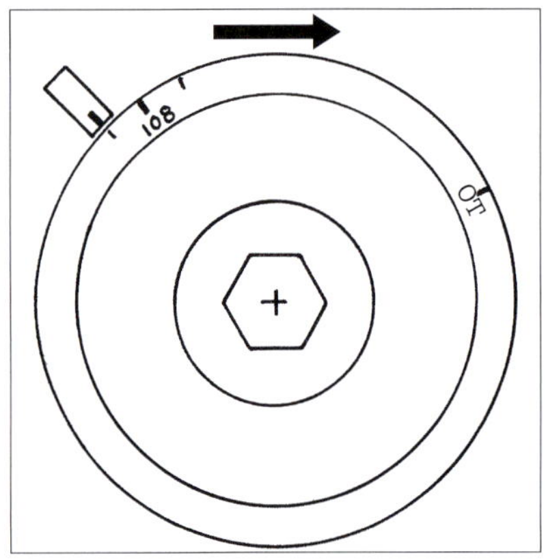

Die Nadel der Messuhr steht auf 0,025 mm nach der Nullstellung. Die Riemenscheibe der Kurbelwelle ist in Flucht mit dem Zeiger zu markieren.

Die Markierung für den Vollhub und die Markierungen für 4 Grad Voreilung und 4 Grad Nacheilung (die Punkte für 2 Grad Voreilung und 2 Grad Nacheilung sind ziemlich einfach abzuschätzen) können dauerhaft auf dem Schwingungsdämpfer oder der Riemenscheibe der Kurbelwelle für die künftige Verwendung aufgebracht werden. Die dauerhafte Kennzeichnung wird dringend empfohlen, da die Markierungen dann immer vorhanden sind und die Einrichtung einer Gradscheibe in Zukunft entfällt. Außerdem kann die Nockenwellensteuerung buchstäblich überall überprüft werden (etwa bei einem Rennen), vorausgesetzt, eine Messuhr und ein Stativ sind vorhanden.

Einige Nockenwellenschleifer empfehlen die Einstellung ihres Produkts bei einem bestimmten Stößelerhebungs- und -fallpunkt, etwa bei 0,50 mm. Grob gesagt ähnelt dies der Einstellungsmethode über den Vollhub, außer dass die Punkte viel weiter vom Vollhub entfernt liegen. Manche Motoren haben allgemein akzeptierte Steuerungspunkte, etwa die der Harley-Davidson-Motorräder. Sie verwenden fast immer 1,35 mm als Stößelerhebungspunkt für die Einstellung der Nockenwellensteuerung und den Stößelfallpunkt bei 1,35 mm für die Überprüfung oder Verstellung der Nockenwellensteuerung. Harley-Davidson und fast alle Zubehör-Nockenwellenhersteller für H-D-Motoren verwenden die 1,35-mm-Stößelerhebungs- und -fallpunkte für die Kennzeichnung ihrer Produkte. Jeder kennt die entsprechende Öffnungszeit.

Wird beispielsweise die Einstellung der Nockenwellensteuerung bei 0,50 mm Stößelerhebungs- respektive -fallpunkt des Einlassventils am Zylinder 1 empfohlen, wird eine Messuhr zur Messung des Ventilhubs (Grad vor OT) positioniert. Steht die Kurbelwelle an der vorgegebenen Gradzahl, muss der vorgegebene Hubbetrag vorhanden sein. Wird die Kurbelwelle weiter über den Vollhub gedreht und schließt sich das Ventil, wird der Punkt 0,50 mm (Grad nach UT) erneut auf der Messuhr angezeigt. Auch hier muss die Kurbelwelle auf der vorgeschriebenen Gradzahl stehen. Ist die Steuerung der

Nockenwelle falsch, muss sie eingestellt werden. Der Schwingungsdämpfer oder die Riemenscheibe der Kurbelwelle können dauerhaft mit den vorgegebenen Gradzahlen gekennzeichnet werden, oder es wird bei Bedarf eine Gradscheibe an der Kurbelwelle angebracht. Die Nockenwelle kann dann in Bezug auf diese Einstellungen auf Vor- oder Nacheilung eingestellt werden.

Bei den meisten Motoren (nicht bei allen) ist es tatsächlich einfacher, die Vollhubposition für die Einstellung der Nockenwellensteuerung zu verwenden, da insgesamt nur ein Punkt statt zweier zu beachten ist. Die Vollhub-Einstellung wird als die einfachste Methode für ein gutes Ergebnis betrachtet, da die Steuerung entweder richtig ist oder vor respektive hinter der Markierung liegt. Egal welches Verfahren für die Einstellung der Nockenwellensteuerung empfohlen wird, unterm Strich muss die Nockenwelle für die beste Leistungsentwicklung respektive fürs beste Drehmoment gesteuert werden, und das kann, muss aber nicht, die vom Hersteller empfohlene Einstellung sein.

Um Verwirrung zu vermeiden, wird empfohlen, die Nockenwelle genau auf die Vollhubposition, wie sie vom Schleifer oder dem Hersteller der Nockenwelle angegeben ist, einzustellen und sich nicht um die tatsächlichen Öffnungs- und Schließpunkte zu kümmern. An ihnen kann man ohnehin nichts ändern – außer Nachschleifen.

Das Problem, das die Einstellung über den Vollhub mit sich bringen kann, besteht darin, dass die genauen Öffnungs- und Schließpunkte nicht unbedingt bekannt sind und daher die tatsächliche Öffnungszeit (vorgegebene Gradzahl) der Nockenwelle geringer sein könnte als spezifiziert. Der springende Punkt ist der, dass Nockenwellen, wenn sie geschliffen sind, nicht immer den richtigen Gesamt-Öffnungswinkel aufweisen. Ein Nocken auf der Nockenwelle kann bis zu 10 Grad weniger Öffnungswinkel als aufgelistet haben. Selten haben Nockenwellen einen größeren als den in der Werbung angegebenen Öffnungswinkel.

Allzu oft wird angenommen, dass eine Hochleistungsnockenwelle schon richtig gesteuert wird. Wenn man Glück hat, ist das der Fall, aber sehr wahrscheinlich ist es nicht. Dies liegt an Fertigungstoleranzen und eventuell an einem geplanten Zylinderkopf – der die Steuerung bei Motoren mit obenliegender Nockenwelle verzögert.

Falls die Nockenwelle beispielsweise sehr nacheilt (3 bis 8 Grad), kann es vorkommen, dass der Motor schlechter reagiert als er könnte. Zufälligerweise reagieren nicht alle Motoren empfindlich auf die Nockenwellensteuerung. Einige können mit 3 Grad Nacheilung, mit empfohlener Einstellung und mit 3 Grad Voreilung getestet werden, ohne dass ein merklicher Unterschied in Motorreaktion oder Leistung festgestellt wird.

Manche Motoren reagieren bei Einstellung und Betrieb bei 3 bis 4 Grad Nacheilung für Anwendungen mit hohen Drehzahlen oder bei 3 oder 4 Grad Voreilung für Anwendungen mit niedriger bis mittlerer Drehzahl. Solche Motoren laufen immer gut in allen Einstellungen. Es geht nur darum, dass sie mit einer Einstellung ein wenig besser als mit einer anderen laufen und die einzige Möglichkeit, dies herauszufinden, ist Ausprobieren.

Derartige Experimente können eine Menge Arbeit bedeuten – die sich am Ende als völlig vergebens herausstellen kann. Andererseits könnte der Motor wesentlich lebendiger werden. Eins steht fest: Wenn in einen Motor eine Nockenwelle eingebaut wird, ohne dass man einen Gedanken daran verschwendet, wie gut sie tatsächlich gesteuert wird, erfährt man nie, ob man die optimale Leistung erhält. Es lässt sich nicht versprechen, dass sich die Motorleistung durch Justierung der Nockenwellensteuerung verbessert – aber es könnte sehr gut sein.

Als allgemeine Regel gilt: Bei Motoren, bei denen sich die Nocken für die Ein- und die Auslassventile auf einer Nockenwelle befinden, wird die Nockenwelle auf den Vollhubpunkt des Einlassventils am Zylinder 1 eingestellt. Motoren, die Einlassnocken auf einer Nockenwelle und Auslassnocken auf einer zweiten haben, werden am besten am Einlass-Schließpunkt und Auslass-Öffnungspunkt (0,025 mm Ventilbewegung aus der vollständig geschlossenen Position) eingestellt.

KAPITEL 5

Nockenwellenprobleme

Technische Toleranzen

Alle technischen Komponenten werden nach gewissen Spezifikationen gefertigt und weisen für die vorgegebenen Maße Fertigungstoleranzen (oder Zugaben) auf. Hersteller technischer Bauteile fertigen diese so genau wie möglich, aber aus Sicherheitsgründen werden stets Fehler einkalkuliert, egal wie geringfügig sie sein mögen. Im Großen und Ganzen handelt es sich um kleinste Abweichungen oder Fehler, im Regelfall sind sie unbedeutend und spielen kaum je eine Rolle.

Was Nockenwellen betrifft, geht es da um die Präzision jedes Nockens in Bezug auf die konstruktiven Anforderungen und um die Phasenlage jedes einzelnen Nockens in Bezug auf die übrigen auf der Welle. Es gibt nicht viel, was hinsichtlich dieses Aspekts der Nockenwellengenauigkeit getan werden kann. Allerdings können (und sollten) einige Aspekte des Fertigungsprozesses ziemlich einfach mithilfe einer Drehbank und elementarer Messtechnik überprüft werden, etwa der Hub jedes einzelnen Nockens und die Geradheit der Nockenwelle (siehe Kapitel 3). Dazu kommt die Sache mit der Einstellung der Nockenwelle in Bezug auf die Kurbelwelle und die dazugehörigen Komponenten. Die Nockenwellensteuerung ist bei einem Hochleistungsmotor sehr wichtig – in vielen Fällen geht Motorleistung durch Komponentenfehler verloren, was weder vorsätzlich geschieht noch völlig vermeidbar wäre.

Fehlerquellen in Form von Abweichungen von den konstruktiven Vorgaben gibt es einige: Die Keilnut der Kurbelwelle kann geringfügig in jede Richtung abweichen, der Keilnutschlitz des Kurbelwellen-Antriebskettenrades kann außerhalb der Toleranz liegen, die Steuerkette kann locker sein, der Keilnutschlitz des Nockenwellen-Antriebskettenrades kann außerhalb der Toleranz liegen, die Keilnut in der Nockenwelle kann außerhalb der Toleranz liegen und die Phasenlage der Nocken auf der Nockenwelle in Bezug auf die Keilnut ebenfalls. Jede dieser Abweichungen kann auftreten, und manchmal heben Plusfaktoren Minusfaktoren auch wieder auf. Aber fast immer ergibt sich eine Nacheilung der Nockenwellensteuerung, wobei die größte Fehlerquelle die Steuerkette ist. Es ist auch gut möglich, dass alle Toleranzfaktoren dazu führen, dass die Nockenwelle genau gesteuert wird. Allerdings wird man dies ohne Überprüfung nie genau wissen. Hier geht es darum, möglichst alle potenziellen Fehler in Erwägung zu ziehen und auszuschließen.

Technische Daten von Nockenwellen

Es gab schon immer einige Verwirrung in Bezug auf technische Daten von Nockenwellen, auf die Nockenwellensteuerung und auf das Vorgehen zur richtigen Einstellung der Welle. Man kann sich sehr leicht in der Nockenwellensteuerung verlieren, denn es gibt so viele Variablen allein für die einzelnen Nocken. Es gibt verschiedene Methoden für die Einstellung der Nockenwellensteuerung und ideale Verfahren für bestimmte Nockenwellenarten. All diese Verfahren wurden über die Jahre verfeinert, um das Problem zu beseitigen, das mit der Schwierigkeit zusammenhängt, Nocken exakt nach Spezifikation zu schleifen.

Tatsache ist, dass die meisten Nocken, wenn sie geschliffen wurden, nicht absolut genau sind. Allerdings reicht ihre Genauigkeit üblicherweise aus, außer in Extremfällen. Wird beispielsweise eine Nockenwelle aus einem Katalog ausgewählt, ist es recht und billig anzunehmen, dass sie den konstruktiven Vorgaben entspricht, etwa für Öffnungswinkel, Nockenhub und Phasenlage zwischen den Nocken. Allerdings entsprechen nicht alle Nocken auf einer Welle ihren technischen Angaben bezüglich des Öffnungswinkels, besonders bei geringem Hub, und dieser Faktor kann alle möglichen Probleme bei der Einstellung der Nockenwellensteuerung über die Verwendung der genauen Öffnungs- und Schließpunkte verursachen.

Wird die Steuerung einer Nockenwelle mit schlecht geschliffenen Nocken bei der Vollhubposition eingestellt und werden anschließend die absoluten Einlass-Öffnungs- und -Schließpunkte überprüft, könnte jeder Öffnungs- und Schließpunkt zwischen 2 und 5 Grad von den Herstellerangaben abweichen. Fairerweise muss gesagt werden, dass Hersteller und Schleifer Öffnungswinkel bei bestimmten Prüfhöhen angeben.
Wird die Steuerung einer Nockenwelle etwa unter Verwendung des Einlassnockens für Zylinder 1 an der Vollhubposition eingestellt (wie dies manche tun), wird die Nockenwelle eventuell zeitlich nicht richtig gesteuert. Dann ist die Motorleistung möglicherweise nicht so gut wie im Falle der Einstellung bei exakter Vollhubposition. Das liegt an der Schwierigkeit, die tatsächlichen Öffnungs- und Schließpunkte ganz exakt zu ermitteln. Zugegeben, viele Nockenwellen liegen richtig beim Vollhubpunkt und den entsprechenden Öffnungs- und Schließpunkten der Ein- und Auslassventile, aber viel zu viele tun dies nicht.
Nehmen wir eine Nockenwelle mit den folgenden Daten: Steuerzeiten von 42-78-78-42 und voll geöffnetes Einlassventil bei 108 Grad nach OT sowie 11,4 mm Ventilhub. Wird die Steuerung einer solchen Nockenwelle in einem Motor mit dem in der Werbung angegebenen Punkt der vollen Öffnung des Einlassventils bei 108 Grad eingestellt, könnten sich tatsächliche Öffnungs- und Schließpunkte für den Zylinder 1 bei 40-75-77-41 und ein tatsächlicher Ventilhub zwischen 10,7 mm und 11,0 mm ergeben. Selten liefert ein Nocken den vollen Ventilhub, der in der Werbung angegeben wird. Dies gilt insbesondere bei obengesteuerten Motoren mit untenliegender Nockenwelle, die über eine Kipphebelübersetzung und die Höhenposition der Kipphebelwelle funktionieren, oder bei Motoren mit obenliegender Nockenwelle und Schlepphebeln. Damit soll nicht behauptet werden, dass alle diese Fehler im Allgemeinen eine sehr große Rolle spielen, aber sie helfen bestimmt nicht bei der genauen Einstellung der Nockenwellensteuerung auf die Vorgaben des Herstellers. Es kann schon ziemlich verwirrend sein, aber die Verwendung eines Punktes, der all diese mögliche Fehler berücksichtigt, also etwa der Ventilvollhubpunkt, sollte ein guter Ausgangspunkt sein, von dem man dann die Nockenwellensteuerung nach vorn oder hinten verstellen kann, um die optimale Nockenwellenposition zu finden, mit der der Motor die beste Allround-Leistung (Beschleunigung und maximal mögliche Spitzengeschwindigkeit) entwickelt.

Phasenlage

Wird die Steuerung einer Nockenwelle eingestellt, wird nicht über jeden einzelnen Nocken eingestellt (obwohl es möglich ist, jeden einzelnen Nocken einer Nockenwelle im eingebauten Zustand zu überprüfen). Stattdessen wird der Einfachheit halber der Einlassnocken und eventuell der Auslassnocken des Zylinders 1 für die Einstellung der Nockenwellensteuerung verwendet. Das bedeutet, dass wir im Allgemeinen davon ausgehen, dass der Nockenwellenschleifer alles richtig gemacht hat, und in 99 Prozent der Fälle ist dies auch so.
Besteht der Verdacht, dass eine Nockenwelle nicht genau ist, wird dies wie folgt überprüft: Jeder Zylinder wird der Reihe nach auf OT eingestellt (mit einer Gradscheibe), und die Öffnungs- und Schließpunkte sowie die Vollhubsteuerpunkte aller Ein- und Auslassventile werden abgelesen. Das macht etwas Arbeit, aber es ist die einzige Möglichkeit, die Phasenlage aller Nocken einer Welle zu überprüfen, und liefert ein wahres Bild von der Unversehrtheit der Nockenwelle.
Das Problem einer falschen Phasenlage tritt nur gelegentlich auf. Kurz gesagt bedeutet dies, dass bei einer falsch geschliffenen Nockenwelle der Einlass des Zylinders 1 korrekt auf die Vorgaben des Nockenwellenschleifers eingestellt sein könnte (der Einlass öffnet etwa bei 42 Grad vor OT und schließt bei 78 Grad nach UT), da aber die Nockenwelle falsch geschliffen wurde, könnten die Einlässe der anderen Zylinder im Bereich von plus/minus 5 Grad außerhalb der Spezifikation liegen.
Die Phasenlage der Nocken auf der Nockenwelle könnte so aussehen, dass der Einlass bei 37 Grad vor OT öffnet und bei 83 Grad nach UT schließt respektive bei 47 Grad vor OT öffnet und bei 73 Grad nach UT schließt oder, noch schlimmer, diese Punkte bei den anderen Zylindern irgendwo dazwischen liegen. Auch die Phasenlage für die Auslassnocken könnte abweichen.

Die richtige Phasenlage von Nocken zu Nocken ist wichtig, liegt aber immer in der Verantwortung des Herstellers oder des Schleifers. Es besteht durchaus die Möglichkeit, dass sie falsch ist.

Nachgeschliffene Nockenwellen

Die Tatsache, dass eine Hochleistungsnockenwelle ein Nachschliff ist (und das trifft auf 50 bis 60 Prozent von ihnen zu), bedeutet nicht, dass sie schlechter als eine neue ist. Viele kleine Schleifereien leisten perfekte Arbeit und sind stolz darauf, dass zunächst jede Nockenwelle, die sie schleifen, für das Nachschleifen geeignet ist, dass jeder Nocken eine Phasengenauigkeit von mindestens 0,5 Grad (30 Minuten) hat und dass jeder Nocken bezüglich Form und Maßhaltigkeit perfekt geschliffen wird. In diesem Geschäft sind Fehler sehr selten.

Nur vereinzelt stößt man auf eine Welle, die eine besondere Art Schliff aufweist, nämlich eine, bei der der Kerndurchmesser zu sehr unterschnitten und damit die Nockenwelle geschwächt wurde. Derartige Nockenwellen können im Betrieb brechen und schwere Motorschäden verursachen, aber insgesamt sind Ausfälle nicht sehr häufig, vorausgesetzt, alles in Verbindung mit dem Ventiltrieb ist richtig eingestellt. An einer nachgeschliffenen Nockenwelle ist nichts auszusetzen, solange alles richtig gemacht wird und die Nockenwelle für den Nachschliff taugt.

Schwierig kann es werden, wenn die Nockenwelle bereits einmal nachgeschliffen wurde. Sie kann eventuell nur leicht verschlissen aussehen, wurde aber tatsächlich stark abgeschliffen und ist eigentlich unbrauchbar, weil sie nachgeschliffen wurde, obwohl sie hätte verschrottet werden müssen. Das Problem besteht darin, dass es nicht einfach ist, die tatsächlichen Maßvorgaben der Nocken auf der Nockenwelle zu erfassen. Das wiederum kann es schwierig machen, eine Aussage darüber zu treffen, ob eine bestimmte Nockenwelle eine Standardnockenwelle ist, die aber verschlissen ist und Nocken aufweist, die im Grunde maßhaltig sind, oder ob es sich um eine Nockenwelle handelt, die gute Nocken aufweist, aber geschliffen wurde, um die Nocken aufzuarbeiten, damit sie wieder brauchbar sind.

Zur Lösung dieses Problems sollte man sich ein paar Nockenwellen für denselben Motortyp anschauen und feststellen, wie die durchschnittliche Nockengröße (normal, aber verschlissen) aussieht. Im Allgemeinen ist es unwahrscheinlich, dass man drei Nockenwellen aus drei verschiedenen Quellen findet, die alle zu sehr abgeschliffen sind. Die meisten Schleifereien kennen aus Erfahrung die Grundmaße der Nocken und können nach einem kurzen Blick auf die ihnen vorgelegte Nockenwelle sagen, ob sie sich für das Nachschleifen eignet oder nicht. Das funktioniert nicht immer. In der Vergangenheit wurden viele ungeeignete Nockenwellen nachgeschliffen. Dies vor allem hat dazu geführt, dass die ganze Debatte über die Qualität der Nachschliffe überhaupt aufgekommen ist.

Fast alle Nockenwellen lassen sich nachschleifen – sofern alle Nocken im Grunde maßhaltig sind. Geringer Verschleiß ist akzeptabel, übermäßiger nicht. Ist ein Nocken gegenüber allen anderen auf der Welle sehr stark abgeschliffen (1,0 bis 1,5 mm), was das Maß zwischen Nase und Grundkreis betrifft, ist diese Nockenwelle wegen dieses einen Nockens wirklich nicht für einen Nachschliff geeignet. Sind alle Nocken auf der Nockenwelle sehr ähnlich in ihrer Größe (innerhalb von 0,13-0,25 mm beim Maß zwischen Nase und Grundkreis), wird diese Nockenwelle einen Nachschliff gut überstehen. Der Grund, warum solch eine Nockenwelle erfolgreich nachgeschliffen werden kann, ist der, dass sie zwar insgesamt verschlissen, aber trotzdem in einem guten Zustand ist. Ein einzelner Nocken mit großem Verschleiß ist ein Hinweis auf ein Problem. Es könnte einfach daran liegen, dass dieser Nocken von Anfang an nie die vorgegebene Härte (falsche Wärmebehandlung) hatte oder dass etwas mit dem Stößel, der den Nocken auf der Nockenwelle abgenutzt hat, nicht in Ordnung war. Es ist sehr ungewöhnlich, wenn alle Nocken auf einer Nockenwelle um 1,5 mm oder mehr gegenüber der ursprünglichen Nockengröße abgeschliffen sind. Der größte Einlassnocken und der größte Auslassnocken auf einer Nockenwelle sind das Maß, an dem zunächst alle weiteren Nocken gemessen werden.

Nachdem eine Nockenwelle in der Schleifmaschine eingespannt wurde, wird zunächst überprüft, ob sie wirklich gerade ist. Ist sie es nicht, muss sie gerichtet werden. Die Unrundheit darf bei jedem Lagerzapfen insgesamt 0,025 mm nicht überschreiten.

Einige Standardnockenwellen können keine Hochleistungsprofile mit großem Hub vertragen, weil der Nocken im Verhältnis zum Kerndurchmesser der Nockenwelle sehr klein ist. Für einen Leistungsschliff der Nocken müsste zu viel Material vom Grundkreis abgetragen werden, und dies könnte bedeuten, dass der Kerndurchmesser der Nockenwelle stark unterschnitten wird. Dies ist nicht wünschenswert, da die Nockenwelle geschwächt wird, insbesondere dann, wenn bei der Unterschneidung des Nockenwellenkernes eine scharfe Kante gebildet wird.

Solche Nockenwellen könnten mit einer harten Aufschweiß-Legierung aufgearbeitet werden, dies ist aber teuer und wird normalerweise nicht in Erwägung gezogen. Ein oder zwei Nocken einer Nockenwelle können repariert werden, um sie wiederherzustellen, aber die Aufarbeitung aller Nocken ist sehr teuer. Dennoch ist dies in manchen Fällen die beste, wenn nicht gar die einzige Möglichkeit. Es ist zu beachten, dass viele Nockenwellen in Serienmotoren Probleme bezüglich schnellen Nockenverschleißes haben. Von ihrer Verwendung wird abgeraten. Die Schleifer kennen die „Problemnockenwellen", und man sollte sich von ihren Empfehlungen leiten lassen.

Eine gebrauchte Hochleistungs-Nockenwelle, die aus einem Rohling geschliffen wurde, wie er durch einen der Nockenwellenhersteller des Zubehörmarktes produziert wurde, ist gut nachzuschleifen. Diese Nockenwellen werden häufig mit einem geringfügig kleineren Kerndurchmesser (1,0 bis 1,5 mm) als die Originalnockenwelle hergestellt und haben einen Nockengrundkreis, der ebenfalls geringfügig (1,0 mm) kleiner als die Nockenwelle des Erstausrüsters ist. Mit einem Hub, der stets viel größer als bei der Nockenwelle des Originalherstellers ist, muss, wenn überhaupt, sehr wenig Material vom Grundkreis des Nockens abgenommen werden, außer etwa 0,05 mm für das „Putzen".

Eine gebrauchte „scharfe" Nockenwelle verträgt einen weniger radikalen Schliff fast immer mit Leichtigkeit. Für die Überprüfung der Nockenwelle gelten die gleichen Verfahren. Die Nockenwelle muss absolut gerade sein und darf keine übermäßig verschlissenen Nocken (Hinweis auf einen weichen Nocken) aufweisen. Wenn die Nockenwelle einen beschädigten Nocken aufweist, kann sie dennoch verwendet werden, aber nur, wenn sich der Schaden während des Nachschleifens beheben lässt.

Bei einigen modernen Motoren mit zwei obenliegenden Nockenwellen muss das Leistungsprofil aus einem Rohling geschliffen werden, weil der Grundkreisdurchmesser nicht unter seinem Standardmaß liegen darf (zumindest nicht viel). Das liegt daran, dass die Tassenstößel fast immer hydraulisch sind und die interne Justierung der Tassenstößel ziemlich begrenzt ist. Wird der Grundkreis zu sehr verkleinert, kann dies nicht durch den Tassenstößel ausgeglichen werden. Außerdem sind die Tassenstößel mancher Motoren sehr kurz, und je mehr der Grundkreis des Nockens abgeschliffen ist, umso weiter wird der Tassenstößel aus der Bohrung des Zylinderkopfes herausgehoben (starker Verschleiß kann die Folge sein). Es besteht auch die Möglichkeit, dass der Tassenstößel andere Teile der Nockenwelle berührt, wenn der Grundkreis zu sehr verkleinert wird.

Wird von hydraulischen auf mechanische Nockenwellen umgestellt, sieht die Sache nicht so schlecht aus, und die meisten mechanischen Austauschstößel sind länger und können unbegrenzt verstellt werden. Daher kann der Nocken ohne Schaden auf fast jedes Maß geschliffen werden.

Mangel an Leistung (fehlerhafte Nockenwelle?)

Funktionieren modifizierte Hochleistungs-Nockenwellen nicht so gut wie erwartet, kann das viele Gründe haben, und obwohl oft der Nockenwelle die Schuld gegeben wird, ist sie in Wirklichkeit selten die Ursache für das Problem. In den meisten Fällen verrichtet die Nockenwelle genau die Aufgabe, für die sie gedacht ist, was aber ja nicht bedeuten muss, dass der Rest des Motors auf demselben Standard ist.

Wenn die Nockenwellensteuerung richtig eingestellt und nachgewiesen wurde, dass alle Nocken die richtige Phasenlage haben, liegt das Problem nicht an der Nockenwelle. Zu strammes Ventilspiel kann Probleme verursachen, aber davon abgesehen liegen alle mit Leistungsmangel verbundenen Probleme woanders.

Bei vielen Motoren ist es nicht einfach, die Nockenwellensteuerung zu überprüfen, und noch schwieriger ist ihre Justierung. Bei derartigen Motoren muss der Steuergehäusedeckel demontiert werden, was den Abbau der Ölpumpe, des Verteilers und der Dichtung zwischen Ölwanne und Steuergehäusedeckel erfordert. Markierungen außen auf der Kurbelwellen-Riemenscheibe respektive auf dem Schwingungsdämpfer sind für die Einstellung der Nockenwellensteuerung des Motors wichtig und erleichtern danach ihre schnelle Überprüfung. Zeit und Mühe, die auf diese Markierungen verwendet werden, lohnen sich sehr.

Die meisten Motoren, die modifiziert werden, sind Produkte aus der Serienfertigung. Die Hersteller haben sie für konventionelle Straßenfahrzeuge konstruiert und entsprechend gebaut. Entscheidet man sich für die Modifikation eines solchen Motors, ändern sich die Kriterien: Leistung wird wichtiger als Kraftstoffeinsparung, runder Lauf und Drehmoment bei niedrigen Drehzahlen. Der Einbau einer Hochleistungs-Nockenwelle mit einem Öffnungswinkel von 280 Grad und mehr in einen ansonsten serienmäßigen Motor ist Zeitverschwendung. Sehr wenige Motoren reagieren gut auf einen reinen Wechsel der Nockenwelle. Motoren reagieren stattdessen auf eine ganze Menge Änderungen, die den volumetrischen Wirkungsgrad verbessern, also auf einen modifizierten Zylinderkopf, auf bessere Gemischbildung, auf ein besseres Abgassystem und auf eine bessere Zündung.

Dass Motoren mit viel zu scharfen Nockenwellen ausgerüstet werden, liegt unter anderem daran, dass alle Hochleistungsnockenwellen fast gleich viel kosten. So scheint es für manchen verlockend, für die Mehrausgabe so viel Öffnungswinkel wie nur eben möglich zu bekommen. Die Regel aber lautet: „Nie mehr Öffnungswinkel kaufen als wirklich erforderlich ist."

KAPITEL 6

Einstellung der Nockenwellensteuerung I – Motoren mit untenliegender Nockenwelle

Der normale Allerwelts-Serienmotor mit untenliegender Nockenwelle hat entweder ketten- oder zahnradgetriebene Nockenwellen, wobei der Großteil über Kette angetrieben wird. Diese Motoren haben nur eine Nockenwelle, alle Nocken (Ein- und Auslass) werden auf derselben Welle geschliffen und ihre Phasenlage zueinander wird während des Schleifvorgangs realisiert. Der einzige einstellbare Teil der Nockenwellensteuerung ist die Position der Nockenwelle in Bezug auf die Kurbelwelle. Das bedeutet, dass die Nockenwelle entweder mit der vom Nockenwellenhersteller empfohlenen Einstellung betrieben wird, oder von dieser Einstellung eine Vor- oder Nacheilung eingestellt wird. Normalerweise erfolgt die Justierung der Nockenwellensteuerung durch eine Versatzscheibenfeder im Antriebsketten- oder zahnrad, durch ein einstellbares Antriebsketten- oder -zahnrad (Nonius) oder ein Ketten- respektive Zahnrad mit mehreren Keilnuten. Die konstruktive Gestaltung dieser Motoren mit der Nockenwelle im Motorblock bedeutet, dass zur Veränderung der Nockenwellensteuerung fast immer etwas Demontagearbeit an der Vorderseite des Motors notwendig ist. Hersteller von Motorkomponenten für den Zubehörmarkt haben Steuergehäusedeckel (für einige der beliebtesten Motoren) mit Wartungsöffnungen entwickelt, die den Zugang zum Nockenwellenantrieb erleichtern. Hersteller modifizierter Motoren sorgen oft von vornherein mittels modifizierter Originalteile oder spezieller einstellbarer Kettenräder dafür, dass die Einstellung sich binnen ein paar Minuten erledigen lässt.

Der erleichterte Zugang zum Nockenwellenkettenrad ist definitiv eine gute Idee, und sei es nur für die erneute Rückstellung der Nockenwellensteuerung auf die vorgegebene Einstellung – etwa, wenn die Steuerkette etwas verschlissen ist und die Nockenwellensteuerung nacheilt. Steuerketten verschleißen eben, und einige tun das ziemlich schnell. Hat der Motor einen Kettenspanner, lässt sich die richtige Steuerung durch eine relativ einfache Justierung wiederherstellen. Bei Motoren ohne Kettenspanneinrichtung kommt es letztendlich zu schwankender Nockenwellensteuerung (und Zündzeitsteuerung, sofern sie von der Nockenwelle angetrieben wird), und die einzige Lösung ist der Austausch der Steuerkette. Für Hochleistungsmotoren ist das Beste gerade gut genug, und wer kann, sollte auch einfache Steuerketten möglichst durch Duplexketten ersetzen oder wenigstens durch Original-Sportversionen desselben Motortyps.

Bei den meisten V8-Motoren US-amerikanischer Bauart ist viel Arbeit erforderlich, um an die Steuerkette zu gelangen. Die Wasserpumpe kann integraler Bestandteil des Steuergehäusedeckels sein, der Verteiler kann am Steuergehäusedeckel angeschraubt sein und außerdem kann die Ölpumpe am Steuergehäusedeckel angebracht sein. Alles zusammen muss entfernt werden, um eine einfache Einstellung vornehmen zu können (Buick/Oldsmobile/Rover V8). Das gilt aber nicht für alle US-V8.

Beim Small-Block von Chevrolet etwa muss nur die Wasserpumpe abgebaut werden. Dennoch ist der Ausbau des Steuergehäusedeckels keine einfache Aufgabe, weil das Unterteil in die Ölwanne eingebaut ist (der Steuergehäusedeckel ist vor der

Dies ist ein Original-Steuergehäusedeckel, der so umgebaut wurde, dass man leicht an das Nockenwellenantriebsrad gelangt.

Umgebauter Steuergehäusedeckel mit abgenommenem Antriebsraddeckel. Dieses Antriebsrad ist so geschlitzt, dass nur eine Voreilung (ca. 8 Grad) eingestellt werden kann.

Ölwanne befestigt). Allerdings kann der Deckel modifiziert und mit einer abnehmbaren Platte versehen werden, die diese Aufgabe erleichtert.

Wenn der Schwingungsdämpfer oder die Riemenscheibe der Kurbelwelle dauerhaft mit den Vollhub-Gradzahlen gekennzeichnet ist, lässt sich die Nockenwellensteuerung einfacher überprüfen und der Kettenverschleiß leichter überwachen. Nachdem die Nockenwellensteuerung für optimale Motorleistung eingestellt wurde, werden die Markierungen verwendet, um das Ausmaß der Komponentenabnutzung zu überprüfen und die Nockenwellensteuerung bei Bedarf nachzustellen.

Angesichts des Umstands, dass eine Menge Teile demontiert werden müssen, bieten sich eigentlich nur der Zusammenbau respektive der Neuaufbau des Motors als der ideale Zeitpunkt für die Einstellung der Nockenwellensteuerung auf die Spezifikationen des Nockenwellenherstellers an. Dann wird der Nockenwellenhub mit einer Messuhr und einem Stativ direkt auf Vollhub an der Oberseite des Stößels zusammen mit einer an der Kurbelwelle angebrachten Gradscheibe und einem provisorischen Zeiger gemessen.

Überprüfung auf Vollhub mit dem Stößel

Für die Überprüfung oder die Einstellung der Nockenwellensteuerung sind drei Dinge wichtig: Das erste ist die Spezifikation der betreffenden Nockenwelle, das zweite der präzise obere Totpunkt (OT) des Kolbens im Zylinder 1 und das dritte die genaue Vollhubposition des Einlassnockens für den Zylinder 1. Vor dem Kauf einer Nockenwelle sollte man sich über alle Spezifikationen informieren.

Feststellung des genauen oberen Totpunktes

Beim Zusammenbau des Motors kann und sollte überprüft werden, wie genau die Markierung für den oberen Totpunkt (OT) ist. Dies beinhaltet die Überprüfung jenes Punktes, an dem sich der Kolbenboden am oberen Totpunkt befindet, in Bezug auf den Schwingungsdämpfer respektive die Riemenscheibe der Kurbelwelle. An einem teilweise zusammengebauten Motor gibt es zwei einfache Möglichkeiten, dies vorzunehmen. Bei der ersten wird ein fester Anschlag verwendet, das ist eine an der Oberseite des Motorblocks befestigte Platte mit einer einstellbaren Schraube, die so weit eingedreht wird, dass sie den Kolbenboden berührt.

Die Schraube des festen Anschlags wird so eingestellt und arretiert, dass der Kolben kurz vor Erreichen des OT angehalten wird, wobei es keine Rolle spielt, in welche Richtung die Kurbelwelle gedreht wird. Der Kolben wird im exakt gleichen Abstand zur Oberkante der Bohrung gestoppt, unabhängig von der Drehrichtung der Kurbelwelle. Auf dem Schwingungsdämpfer oder der Riemenscheibe der Kurbelwelle ist eine vorläufige Markierung am Haltepunkt des Kolbens für beide Drehrichtungen der Kurbelwelle anzubringen.

Die Mitte zwischen den beiden Markierungen ist der genaue OT des Kolbens. In diesem auf den Fotos dargestellten Fall sind die Markierungen richtig und die OT-Linie stimmt überein. Der Zeiger am Motorblock lässt sich verstellen, wenn er sich in der falschen Position befindet. Im dargestellten Beispiel kann der Zeiger relativ einfach verstellt werden. Zugegeben, nicht alle Zeiger lassen sich so leicht verstellen. In solchen Fällen kann auf dem Rand des Schwingungsdämpfers oder der Riemenscheibe eine weitere Markierung in der richtigen Position hinzugefügt werden.

Bei der zweiten Methode zur Feststellung des genauen OT werden eine Messuhr und ein Magnetstativ oder eine Klemmvorrichtung verwendet. Das Endergebnis ist das Gleiche wie bei der Verwendung eines festen Anschlags, aber das angewendete Prinzip zur Erreichung des gewünschten Ergebnisses unterscheidet sich leicht. Beide Metho-

Fester Anschlag auf die Oberseite des Motorblocks geschraubt. Die einstellbare Schraube (mit Kontermutter) in der Mitte berührt den Kolbenboden.

Kurbelwelle 8 Grad nach OT angehalten. Die Kurbelwelle wurde gegen den Uhrzeigersinn gedreht, bis der Kolben den Anschlag berührt hat.

Kurbelwelle 8 Grad vor OT angehalten. Die Kurbelwelle wurde im Uhrzeigersinn gedreht, bis der Kolben den Anschlag berührt hat.

Kurbelwelle am genauen OT, wie er mit dem festen Anschlag bestätigt wurde.

den sind genau, aber die mit dem festen Anschlag ist idiotensicher.

Mit direkt auf dem Kolbenboden von Zylinder 1 positionierter Messuhr wird der Kolben in die Position gebracht, die als OT erscheint, und die Messuhr wird genullt. Der maximale Nadelausschlag markiert den höchsten Punkt des Kolbenweges.

Das Problem bei der Feststellung des OT besteht darin, dass der Kolben tatsächlich am OT anhält oder „verweilt", wenn sich die Kurbelwelle dem OT annähert, dort ankommt und ihn wieder verlässt. Je größer der Hub der Kurbelwelle und je größer der Mittenabstand zwischen den Pleuelstangenaugen sind, umso ausgeprägter ist dieser Faktor. Die Lösung besteht darin, den steigenden Kolbenboden an einem Sollwert und den sinkenden Kolbenboden am gleichen Punkt auf dem Weg nach unten zu messen.

Wenn sich der Kolben (steigend) dem OT nähert, wird die Drehung der Kurbelwelle beendet, sobald der Zeiger der Messuhr beispielsweise 0,75 mm vor OT anzeigt. Obwohl in diesem Beispiel 0,75 mm verwendet wird, kann auch ein anderer Wert – bis 0,125 mm – verwendet werden. Ist das gewählte Maß zu groß, wird der Abstand zwischen den hinzugefügten Markierungen auf dem Schwingungsdämpfer oder der Riemenscheibe der Kurbelwelle zu groß und die Genauigkeit könnte leiden.

An dieser Stelle wird der Rand des Schwingungsdämpfers oder der Riemenscheibe neben der Spitze des Steuerzeigers vorübergehend mit einem Markierstift gekennzeichnet oder, wenn bereits genügend Gradmarkierungen vorhanden sind, der entsprechende Wert notiert.

Die Kurbelwelle wird anschließend über OT gedreht, bis der Kolben, der nun sinkt, an der Stelle angehalten wird, an der der Messuhrzeiger erneut 0,75 mm anzeigt. An dieser Stelle wird der Schwingungsdämpfer respektive die Riemenscheibe der Kurbelwelle erneut mit einem Markierstift gekennzeichnet.

Der genaue obere Totpunkt (OT) ist der Punkt genau in der Mitte zwischen den beiden Markierungen.

Überprüfung des Vollhubs über die Stößelbewegung

Werden ein Stößel oder ein geeigneter Dorn in den Motorblock am Einlassnocken des Zylinders 1 eingebaut, kann eine Messuhr für die Messung des maximalen Nockenhubs bei Drehung der Kurbelwelle positioniert werden. Bei Drehung der Kurbelwelle steigt der Stößel, und bei maximalem Hub bewegt sich die Nadel der Messuhr nicht mehr weiter. Wird die Kurbelwelle weiter gedreht, sinkt die Nadel der Messuhr mit sinkendem Stößel. Für diesen Test sollte kein Öl am Stößel angewendet werden, so dass er sich frei in der Stößelbohrung bewegen kann. Bewegt sich der Stößel nicht frei, muss eventuell leichter Druck auf ihn angewendet werden, nachdem er über den Punkt des maximalen Hubs hinausgegangen ist, um sicherzustellen, dass der Stößel dem Nockenprofil folgt.

Der Motor darf nur in seiner normalen Drehrichtung gedreht werden, und wenn normalerweise eine Steuerkettenspannvorrichtung montiert ist, sollte diese unbedingt jetzt montiert werden. Beim größ-

Messuhr mit Magnetstativ zur Überprüfung des oberen Totpunktes (OT). Die Messuhr wurde auf null gestellt.

Die Nadel der Messuhr zeigt 0,75 mm vor der Nullstellung (vor OT) an.

Die Nadel der Messuhr zeigt 0,75 mm der Kolbenabsenkung (unter OT) an.

Messuhr angebracht an einen Motorblock aus Aluminium.

Die Riemenscheibe steht irgendwo vor OT. Markieren Sie die Position des Zeigers mit einem Markierstift.

Die Riemenscheibe der Kurbelwelle befindet sich nun nach OT. Markieren Sie die Position des Zeigers mit einem Markierstift.

ten Betrag des Nockenwellenhubs sind der Wert von der Messuhr abzulesen, die Uhr auf Null zu stellen und der Motor erneut durchzudrehen. Sobald die Nadel sich dem Punkt des größten Hubs nähert, ist langsam zu drehen und sicherzustellen, dass die Nadel bei Erreichung des größten Hubs wirklich auf den Nullpunkt zeigt und ihn dann passiert. Die Nadel ist zu justieren, wenn eine Diskrepanz auftritt, so dass Null der höchste Punkt ist, den sie bei ihrer Bewegung erreicht.

Die Kurbelwelle ist erneut zu drehen, bis die Nullposition erneut angefahren wird. Diesmal ist die Kurbelwellendrehung bei 0,75 mm vor Erreichung des Nullpunktes anzuhalten. Die vorhandene Kurbelwellengradzahl (nur möglich, wenn die Riemenscheibe vollständig mit Gradzahlen markiert ist) ist abzulesen, bevor die Gradmarkierung für den maximalen Hub den Zeiger erreicht. Ist nur der spezifische Gradpunkt auf der Riemenscheibe der Kurbelwelle markiert, ist eine Markierung am Punkt 0,75 mm vor OT zu markieren. Liegt der Vollhubpunkt der Steuerung für das Einlassventil von Zylinder 1 beispielsweise bei 108 Grad nach OT, befindet sich der Zeiger bei einem im Uhrzeigersinn rotierenden Motor rechts von der 108-Grad-Markierung auf dem Schwingungsdämpfer oder der Riemenscheibe.

Die Kurbelwelle ist weiter zu drehen, bis die Nullposition erreicht ist. Danach ist langsam weiter zu drehen, bis der Punkt 0,75 mm erneut erreicht ist, und anzuhalten. Die Riemenscheibe der Kurbelwelle ist neben dem OT-Zeiger zu markieren oder die Gradzahl auf dem Schwingungsdämpfer ist an dieser Position abzulesen.

An dieser Stelle wurde die Nockenwelle 0,75 mm vor dem Punkt des maximalen Hubs angehalten, hat ihn passiert und wurde letztendlich am Punkt 0,75 mm auf der anderen Seite des Vollhubs angehalten. Dieser Punkt zwischen den beiden Haltepunkten bei 0,75 mm in Grad KW-Drehung ist die genaue Vollhubposition des Nockens der Nockenwelle.

Der Taststift der Messuhr berührt die Oberseite des Stößels.

Die Messuhr ist auf einem Gussmotorblock mit einem eng eingepassten Stift positioniert. Dieser wird durch die Bohrung der Ventilstoßstange geführt, um den Nockenfolger zu berühren.

Die Messuhr zeigt 0,75 mm nach der Vollhubposition an.

Die Messuhr zeigt 0,75 mm vor der Vollhubposition an.

Der Zeiger zeigt auf eine Position nach der Vollhub-Steuermarkierung von 108 Grad.

Der Taststift der Messuhr ist auf einem speziell gefertigten Dorn positioniert.

Der Zeiger zeigt auf eine Position vor der Vollhub-Steuermarkierung von 108 Grad.

Dabei ist zu beachten, dass der Stößel eventuell dem Nocken nicht automatisch folgt und abfällt, wenn die Nase der Nockenwelle den Vollhubpunkt passiert. Unter Umständen ist ein leichter Druck mit einem kleinen Schraubendreher notwendig, um sicherzustellen, dass der Stößel dem Nockenprofil folgt.

Stimmt die Nockenwellensteuerung nicht, muss sie vor- oder nacheilend eingestellt werden, bis die Steuerung korrekt ist. Bei kettengetriebenen Nockenwellen zahlt es sich oft aus, die Nockenwellensteuerung auf bis zu 1 Grad Voreilung einzustellen. Der Grund dafür ist, dass bei Drehung der Nockenwelle mit der Hand nicht die Vorspannung auf dem Ventiltrieb vorhanden ist, die herrscht, wenn die Ventilfedern Widerstand ausüben. Die Voreilung der Nockenwellensteuerung an dieser Stelle erlaubt es, diesen Faktor aufzuheben. Wird die Nockenwellensteuerung zum Beispiel 1 Grad nacheilend eingestellt, gibt es keine Möglichkeit, dass die Verzögerung beim Lauf des Motors mit den gesamten normalen Spannungen auf dem Ventiltrieb kleiner als 2 Grad ist. Dies begründet zum Teil, warum es sich lohnt, mit kleinen Änderung der Nockenwellensteuerung zu experimentieren, nachdem der Motor läuft. Alle Variablen werden durch die Suche nach der Einstellung, die tatsächlich die besten Ergebnisse bringt, kompensiert.

Überprüfung des maximalen Hubs über die Bewegung des Kipphebelarms oder der Ventilteller

Zunächst wird eine Messuhr so positioniert, dass ihr Taststift auf dem Ventilteller des Einlassventils für Zylinder 1 liegt. Der Motor wird gedreht, bis sich das Ventil vollständig geöffnet hat (Vollhubposition), was

Wird die Nockenwelle richtig gesteuert, befindet sich der Schwingungsdämpfer respektive die Riemenscheibe hier (108 Grad in diesem Fall). Das Einlassventil ist vollständig geöffnet (Vollhub) und die Nadel der Messuhr ist auf Null gestellt.

Das Ventil ist 0,25 mm vor der Vollhubposition positioniert. Der Zeiger am Schwingungsdämpfer oder an der Riemenscheibe der Kurbelwelle befindet sich bei diesem im Uhrzeigersinn drehenden Motor vor dem Vollhubpunkt 108 Grad.

Das Ventil ist 0,25 mm nach der Vollhubposition positioniert. Der Zeiger am Schwingungsdämpfer respektive an der Riemenscheibe der Kurbelwelle befindet sich bei diesem im Uhrzeigersinn drehenden Motor nach dem Vollhubpunkt 108 Grad.

dadurch festgestellt wird, dass sich die Nadel nicht mehr bewegt. An diesem Punkt wird die Skala der Messuhr genullt. Es muss sichergestellt sein, dass die Messuhr genügend Weg zur Ablesung des maximalen Ventilhubs hat. Die „wahre“ Vollhubposition ist nicht der Moment, in dem die Nadel anhält, weil Nocken bei maximalen Hub eine gewisse Zeit „verweilen“. Der „wahre“ Vollhubpunkt befindet sich in der Mitte der „Verweilzeit“.

Beachte: Die meisten Motoren drehen sich im Uhrzeigersinn (gesehen in Blickrichtung von der Vorderseite des Motors zur Antriebsseite), aber nicht alle. Jeder Motor muss bei der Prüfung in die Richtung durchgedreht werden, in der er normalerweise läuft.

Im folgenden Beispiel wurde die Riemenscheibe der Kurbelwelle bei 108 Grad für Vollhub markiert, was der in diesen Motor eingebauten Nockenwelle entspricht. Die Einlass-Vollhubposition fast aller Nockenwellen liegt zwischen 100 und 115 Grad nach OT. Im auf den Fotos dargestellten Beispiel wurde der genaue OT der Kurbelwellen-Riemenscheibe in Bezug auf den OT-Zeiger überprüft und der Punkt des maximalen Hubs bei 108 Grad auf der Riemenscheibe mit einem 360-Grad-Winkelmesser (mit einem weißen Markierstift) markiert. Die gesamten Markierungen auf der Kurbelwellenriemenscheibe wurden ohne Abbau irgendwelcher Teile vom Motor angebracht. Insgesamt dauerte die Markierung der Kurbelwellenriemenscheibe bis zum Beginn der Überprüfung der Nockenwellensteuerung etwa 10 Minuten.

Bei bekanntem Punkt des maximalen Ventilhubs wird die Kurbelwelle mehr als 30 Grad vor den Punkt des maximalen Ventilhubs zurückgedreht und anschließend zurück an den Punkt 0,25 mm vor den maximalen Hub gebracht (es kann stattdessen auch der Punkt 0,125 mm verwendet werden). Genau an diesem Punkt ist die Drehung der Kurbelwelle anzuhalten. Mit einem feinen weißen Markierstift ist die Riemenscheibe neben dem Zeiger zu markieren (oder, wenn eine Gradscheibe verwendet wird, ist die Gradzahl abzulesen).

Anschließend ist die Kurbelwelle weiter über den Vollhubpunkt hinaus zu drehen, bis der Punkt 0,25 mm erneut erreicht wird, an dem die Kurbelwelle wieder angehalten wird. Erneut wird die Riemenscheibe neben dem Zeiger markiert (oder die Gradzahl abgelesen, sofern eine Gradscheibe verwendet wird). Der Punkt genau in der Mitte zwischen den beiden Markierungen (oder den notierten Gradzahlen der Gradscheibe) ist die „wahre“ Vollhubposition.

Es ist leicht zu erkennen, ob der Vollhubpunkt bei 108 Grad (in diesem Beispiel) in der Mitte zwischen den beiden Punkten liegt, die auf der Riemenscheibe der Kurbelwelle aufgebracht wurden. Zugegeben, es wird keine wirkliche Gradzahl zur Feststellung des genauen Punktes für den maximalen Hub verwendet, aber dieses Verfahren gewährleistet eine Genauigkeit der Nockenwellensteuerung bis auf ein Grad. Alternativ bietet sich die vorübergehende Anbringung einer Gradscheibe an der Vorderseite der Kurbelwelle und eines Zeigers an oder die Markierung des Schwingungsdämpfers oder der Riemenscheibe der Kurbelwelle mit vielen Gradmarkierungen in Zwei-Grad-Schritten. Letzteres würde bedeuten, dass die Riemenscheibe für eine Nockenwelle mit dem Vollhubpunkt bei 108 Grad (in diesem Beispiel) bei 102, 104, 106, 108, 110, 112 und 114 Grad markiert werden müsste.

Die bevorzugte Methode ist die genaue Markierung des Schwingungsdämpfers oder der Riemenscheibe der Kurbelwelle, solange sie noch nicht montiert ist (nachdem der genaue OT festgestellt wurde). Auf diese Weise werden die Gradzahlen direkt von der Riemenscheibe abgelesen. Diese Arbeit muss genau ausgeführt werden, aber sie ist nur einmal notwendig. Sind alle notwendigen Markierungen auf dem Schwingungsdämpfer oder der Riemenscheibe angebracht, trägt sie der Motor gleichsam immer bei sich und erleichtert so die jederzeitige Überprüfung oder Einstellung.

Natürlich kann es sich als notwendig erweisen, die Nockenwellensteuerung vor- oder nacheilend einzustellen, um die genaue Vollhubposition mit der durch den Nockenwellenhersteller empfohlenen Nockenwellensteuerung in Übereinstimmung zu bringen.

KAPITEL 7

Einstellung der Nockenwellensteuerung II – Motoren mit einer obenliegenden Nockenwelle

Bei Motoren mit einer obenliegenden Nockenwelle befinden sich die Nocken für alle Ventile (Ein- wie Auslass) auf ein und derselben Welle. Vor- respektive Nacheilung der Nockenwelle gegenüber der Kurbelwelle sind die einzige Einstellmöglichkeit. Unabhängig von der Art des Nockenwellenantriebs – Kette, Zahnriemen oder Zahnräder – kann die Einstellung normalerweise durch Versatzscheibenfeder, Versatzbolzen, Standardbolzen im Langloch oder über ein einstellbares Kettenrad mit Nonius erfolgen. Dies alles haben diese Motoren mit jenen mit untenliegender Nockenwelle gemeinsam, außer dass die Kette oder der Riemen aufgrund der oben auf dem Motorblock angeordneten Nockenwelle viel länger sind.

Bei Motoren mit einer obenliegenden Nockenwelle können die Nocken der Nockenwelle die Ventile praktisch direkt über Tassenstößel oder Schlepphebel betätigen. Die Art der Betätigung spielt keine Rolle, solange der Taststift einer Messuhr auf dem Federteller des Einlassventils im Zylinder 1 positioniert werden kann.

Einstellbares Steuerrad mit Nonius vom Zubehörmarkt, angebracht am Zylinderkopf eines Motors mit oben liegender Nockenwelle.

Mehrere Dinge können bewirken, dass ein Motor mit oben liegender Nockenwelle die richtige Nockenwellensteuerung verliert. Wenn etwa der Zylinderkopf und/oder der Motorblock plangefräst sind, kommt die Mittelachse des Kettenrads oder der Riemenscheibe der Nockenwelle näher an die Mittelachse der Kurbelwelle heran, wodurch die Nockenwellensteuerung verzögert wird.

Wird eine nachgeschliffene Nockenwelle montiert und sind die Standardphasenpunkte verlorengegangen, könnte die Nockenwelle gegenüber der empfohlenen Einstellung vor- oder nacheilen.

Dies alles lässt sich beheben, wenn die richtigen Steuerzeiten der Nockenwelle bekannt sind und die

Das Ventil ist vollständig geöffnet (Vollhub) und die Nadel der Messuhr auf Null gestellt.

Nockenwellensteuerung überprüft und neu justiert wird, nachdem festgestellt wurde, dass die Steuerung nicht stimmt. Leistungstests am Motor sollten bei der vom Nockenwellenhersteller empfohlenen Einstellung und anschließend bei 4 Grad Nacheilung und bei 4 Grad Voreilung vorgenommen werden. Das sind drei verschiedene Einstellungen und drei Leistungstests. Am Schluss ist die Nockenwellensteuerung auf die Position einzustellen, die den Motor am besten laufen lässt. Dabei ist zu beachten, dass 4 Grad Vor- oder Nacheilung die Grenzen sind.

Es gibt drei Möglichkeiten, die Nockenwellensteuerung bei Motoren mit einer obenliegenden Nockenwelle einzustellen. Die erste sind Versatzscheibenfedern oder -bolzen, wenn die Nockenwelle und das Antriebskettenrad oder die Riemenscheibe auf diese Weise positioniert werden.

Die zweite ist die Erweiterung der Bohrung im serienmäßigen Antriebsrad der Welle, sofern es mittels Dorn auf der Nockenwelle positioniert ist. Dann lässt sich das Antriebsrad um den Wert der Länge des Lochs verschieben. Man muss sicherstellen, dass die Schrauben fest genug angezogen sind. Ansonsten rutscht die Steuerung gleichsam weg, allerdings nur im Rahmen der Länge des Langlochs. Dies teilt sich gewöhnlich in Form eines vernehmlichen Klapperns mit. Möglichkeit zwei ist jedenfalls eine schnelle, einfache und wirksame Methode, um die Standardposition des Nockenwellen-Antriebsrads in einem Bereich von 8 bis 10 Grad einstellbar zu machen.

Die dritte Möglichkeit ist der Kauf eines Kettenrads oder einer Zahnriemenscheibe mit Nonius. So etwas erleichtert die Einstellung der Nockenwellensteuerung sehr und wird hiermit empfohlen.

In allen Fällen müssen für eine Überprüfung oder Einstellung der Nockenwellensteuerung die Ventile freigelegt werden, was den Abbau des Ventildeckels erfordert. Eine Messuhr wird auf dem Federteller des Einlassventils für den Zylinder 1 positioniert. Der Punkt der vollen Öffnung des Einlassventils (Vollhubposition) muss genau auf dem Schwingungsdämpfer oder der Riemenscheibe der Kurbelwelle markiert werden. Die Kurbelwelle wird in ihre Drehrichtung gedreht, und wenn das Einlassventil maximal abgehoben ist (größter Ablesewert), wird die Nadel der Messuhr auf null gestellt.

Die Kurbelwelle wird weiter fast zwei Umdrehungen weit in ihre normale Drehrichtung gedreht, bis die Nadel der Messuhr bei 0,125 mm (stattdessen kann auch der Wert 0,25 mm verwendet werden) von der Nullposition steht. Auf dem Rand der Riemenscheibe ist mit einem feinen weißen Markierstift an der Zeigerposition eine Markierung aufzubringen.

Die Kurbelwelle ist weiter zu drehen, bis der Punkt 0,125 mm (oder 0,25 mm) erneut auf der anderen Seite des Vollhubpunktes erreicht wird. Nun bringen Sie auf dem Schwingungsdämpfer oder der Riemenscheibe der Kurbelwelle an der Zeigerposition eine Markierung an. Der Punkt in der Mitte zwischen den neu markierten Punkten ist die „wahre“ Vollhubposition. Es kann erforderlich sein, die Nockenwellensteuerung vor- oder nacheilend einzustellen, um die genaue Vollhubposition mit der vom Hersteller empfohlenen Steuerung in Übereinstimmung zu bringen.

Bei manchen Motoren mit obenliegender Nockenwelle (nicht bei allen) ist der Vollhubpunkt als eine

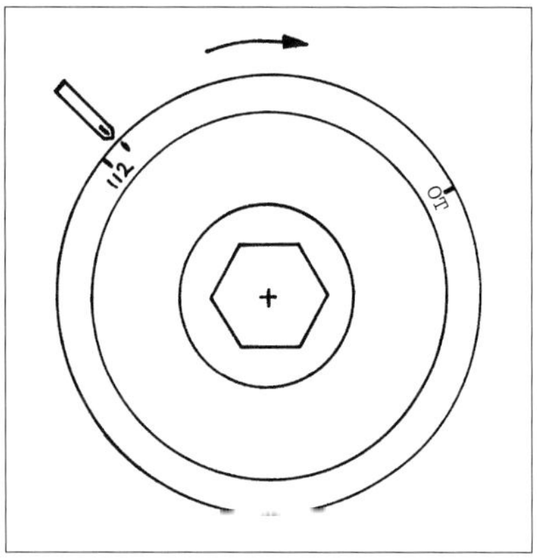

Markieren Sie die Riemenscheibe neben dem Zeiger, nachdem die Kurbelwelle an der gewählten Position vor Vollhub angehalten wurde. Die Position der Messuhrnadel bestimmt den Haltepunkt und damit die Stellung der Nockenwelle gegenüber der Kurbelwelle.

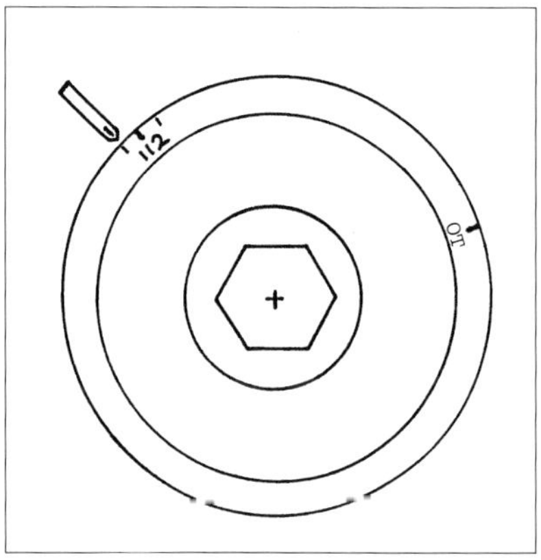

Markieren Sie die Riemenscheibe neben dem Zeiger, nachdem die Kurbelwelle an der gewählten Position nach dem Vollhubpunkt angehalten wurde. Die Nadel der Messuhr muss auf den gleichen Punkt wie vor dem Vollhubpunkt zeigen.

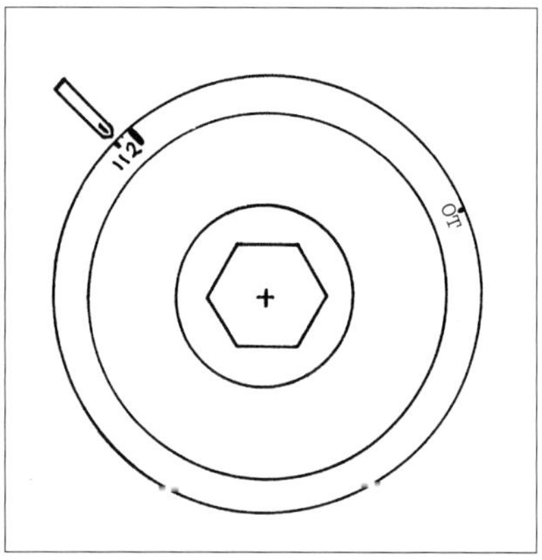

Nachdem überprüft wurde, dass die Steuerung richtig ist, können die beiden vorläufigen Markierungen auf der Riemenscheibe entfernt werden. Wenn festgestellt wurde, dass der optimale Steuerpunkt von der Empfehlung des Herstellers abweicht, kann der neue Steuerpunkt dauerhaft markiert werden.

deutliche Spitze sehr hervorgehoben. Daher ist er sehr leicht zu finden, was bedeutet, dass die Nockenwellensteuerung eingestellt werden kann, indem man einfach zum Vollhubpunkt geht und die Steuerung an diesem Punkt einstellt. Die Methode mit dem Anhalten der Kurbelwelle an jeder Seite des Vollhubpunktes und Feststellung sowie Verwendung des Punktes in der Mitte ist jedoch generell genauer.

Egal, welche Methode für die Einstellung der Nockenwellensteuerung verwendet wird – die beste Einstellung lässt sich ermitteln, indem die Leistung im Spielraum zwischen 4 Grad Vor- und 4 Grad Nacheilung (einschließlich der vom Hersteller empfohlenen Einstellung) durch Testen gemessen wird, bis die beste Position gefunden ist.

Nachdem der bestmögliche Steuerungspunkt gefunden wurde, kann er dauerhaft auf dem Schwingungsdämpfer oder der Riemenscheibe der Kurbelwelle markiert oder für den späteren Gebrauch als eine bestimmte Gradzahl vor oder nach der vom Nockenwellenhersteller angegebenen Einstellung notiert werden. Statt der dauerhaften Markierung auf der Riemenscheibe der Kurbelwelle kann die Position des maximalen Hubs auch vorläufig markiert werden (Rand des Schwingungsdämpfers weiß lackieren und vorläufige Markierungslinien auf dem Lack). Erst nachdem alle Prüfungen abgeschlossen sind, werden die dauerhaften Markierungen aufgebracht. Durch dieses Verfahren wird vermieden, dass sich auf dem Rand des Schwingungsdämpfers oder der Riemenscheibe zu viele Markierungen befinden, was zu Verwirrungen führte. Am Ende ist es nur der Vollhub-Steuerpunkt, der „verschoben“ wird.

KAPITEL 8

Einstellung der Nockenwellensteuerung III – Motoren mit zwei obenliegenden Nockenwellen

Motoren mit zwei Ventilen pro Zylinder

Generell werden Motoren mit vier Ventilen pro Zylinder und zwei obenliegenden Nockenwellen gegenüber Motoren mit zwei Ventilen als effizienter angesehen. Die Konfiguration gestattet mehr Ventilfläche bei kleinem Hub. In Sachen Nockenwellensteuerung gilt allerdings so ziemlich das gleiche für beide Varianten. In dieser Hinsicht ist das Verfahren zur Einstellung der Nockenwellensteuerung für beide Motorentypen gleich, obwohl Motoren mit vier Ventilen pro Zylinder als Beispiel für die Einstellung der Nockenwellensteuerung verwendet werden. Tatsächlich wird bei einem Vierventiler trotz jeweils zweier Ventile für die gleiche Funktion nur eins für die Einstellung verwendet, wodurch das Verfahren insgesamt identisch bleibt.

Das Prinzip der möglichst späten Öffnung des Auslassventils, was die Entleerung des Zylinders begünstigt, und der möglichst langen Wirkung des Verbrennungsdrucks auf den Kolbenboden (zur Erzeugung eines möglichst großen Drehmoments) ist gut begründet. Bei einem Motor mit zwei Ventilen pro Zylinder und zwei obenliegenden Nockenwellen gilt es, das Einlassventil möglichst früh zugunsten guter Zylinderfüllung zu schließen, das Ventil aber auch lange genug offenzuhalten. Das gilt selbstverständlich ebenso für den Vierventiler, der unterm Strich aber effizienter ist.

Motoren mit vier Ventilen pro Zylinder

Nahezu alle modernen Motoren sind sehr anspruchsvoll konstruiert, haben Vierventiltechnik und Zahnriemen für den Nockenwellenantrieb. Mittlerweile feiert die Steuerkette in Serienmotoren aber wieder ein Comeback, weil sie enorm zuverlässig und recycelbar ist. Die Leistungsfähigkeit dieser Motoren in Sachen volumetrischer Wirkungsgrad und Verbrennung wird von anderen Konstruktionen nicht erreicht. Was einst die Domäne von reinen Rennsportmotoren war, ist jetzt glücklicherweise bei der Mehrzahl der modernen Straßenfahrzeuge verfügbar.

Leicht einstellbares Zahnriemenantriebsrad. Lösen Sie einfach die vier Innensechskantschrauben. Danach ist eine Verstellung innerhalb eines festen Bereiches möglich. Wenn der Bereich nicht groß genug ist, verstellen Sie den Riemen um einen Zahn und beginnen Sie von vorn.

Gut präpariert und präzise eingestellt leisten diese Maschinen in gut fahrbaren Autos Hervorragendes. Dank des guten volumetrischen Wirkungsgrades (Zylinderfüllung) ist das Ansprechverhalten tadellos, ebenso Leistung und Drehmoment – ja: Drehmoment, namentlich bei den moderneren Konstruktionen mit langem Hub, langen Pleuelstangen und kleinen Bohrungen – sowie der sparsame Umgang mit dem Kraftstoff. Diese Motorkonstruktion bietet einen ausgezeichneten volumetrischen Wirkungsgrad bei sehr geringer Ventilüberschneidung, etwas, das andere Motorkonstruktionen nicht können.

Bei derartigen Motoren befinden sich alle Auslassnocken auf einer Nockenwelle und alle Einlassnocken auf einer anderen. Beide Wellen werden unabhängig voneinander gesteuert. So kann eine Nockenwelle verstellt werden, ohne die andere überhaupt bewegen zu müssen, und beide lassen sich zugunsten optimaler Motorleistung positionieren. Bei den meisten Motoren mit zwei Nockenwel-

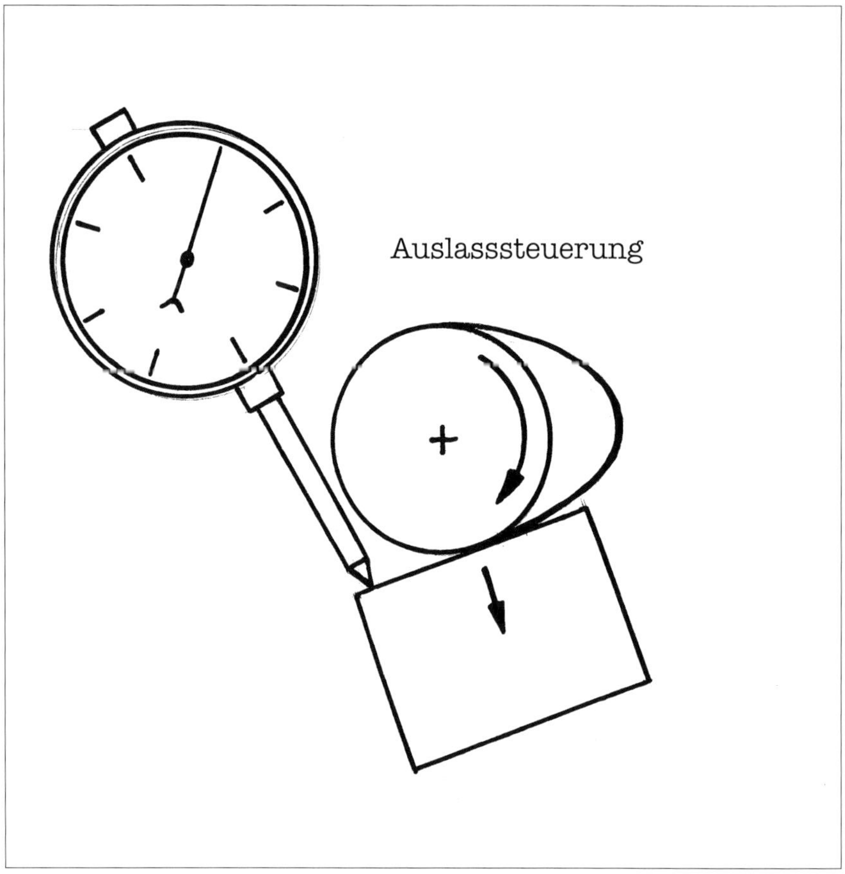

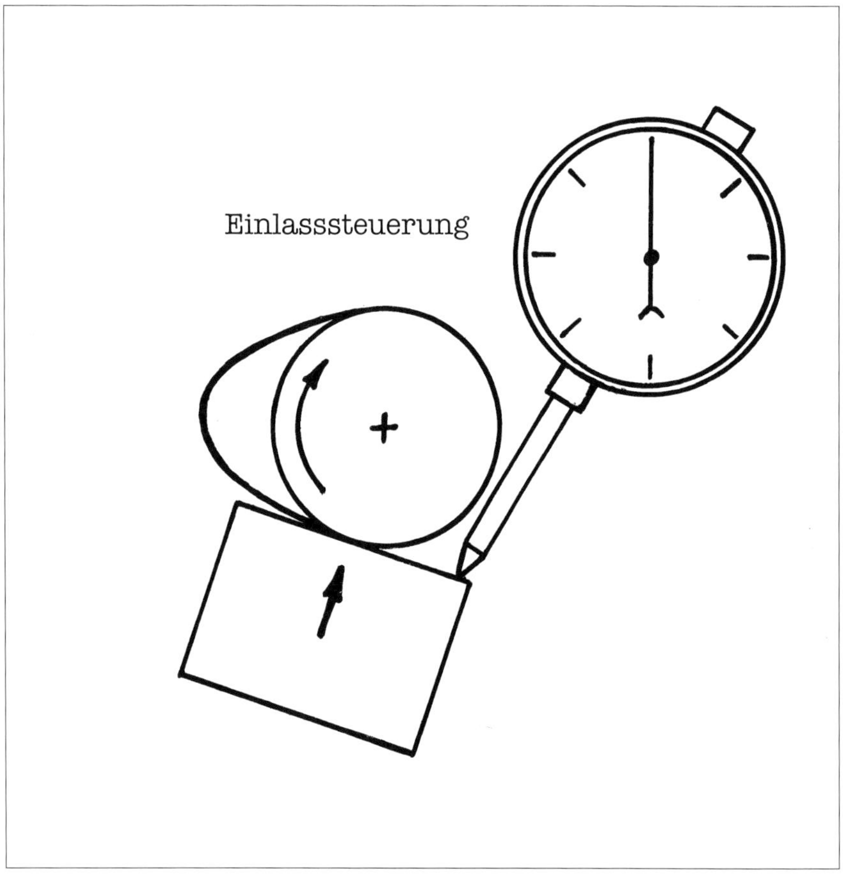

Für die genaue Erfassung des Punktes (in Bezug zu den Gradmarkierungen auf der Riemenscheibe der Kurbelwelle), an dem die Bewegung des Nockenfolgers beginnt (Auslassnockenfolger) respektive endet (Einlassnockenfolger), wird eine Messuhr verwendet.

len pro Zylinderreihe werden die Wellen über Ketten oder Zahnriemen angetrieben, ausnahmsweise auch über Zahnräder (selten). Für die Einstellung von Systemen mit nicht einstellbarer Riemenscheibe respektive Zahnrad können Versatzscheibenfedern verwendet werden, oder die Antriebsriemenscheiben können durch einstellbare ersetzt werden. Kettengetriebene Motoren mit zwei obenliegenden Nockenwellen haben standardmäßig in der Regel eine Einstelleinrichtung.

Es hat immer wieder ungewöhnliche Konstruktionen gegeben. So gibt es Motoren mit dem normalen Antrieb für eine einzelne obenliegende Nockenwelle. Unter dem Ventildeckel finden sich dann allerdings doch zwei Wellen, deren eine über ein Zahnrad von der anderen angetrieben wird. Unabhängig davon sind die Zahnradpositionen in Bezug auf die Nockenwellen mit Versatzscheibenfedern änderbar. Dazu müssen mitunter Versatzfedern eigens angepasst werden. Entsprechende Federn sind bei den Nockenwellenherstellern erhältlich. Es gilt, eine Feder zu bekommen, die annähernd die erforderliche Größe hat und sich für die entsprechende Anwendung anpassen lässt. Das ist nicht so schwierig, wie es klingen mag.

Diese Messuhr ist so eingestellt, dass die erste Bewegung des Nockenfolgers gemessen wird.

Eins steht fest: Arbeitet man mit Motoren, bei denen die Nockenwellen unabhängig voneinander eingestellt werden können, lässt sich leicht feststellen, was jede Nockenwelle tut, wenn man nur eine Nockenwelle gegenüber der empfohlenen Standardeinstellung auf Vor- oder Nacheilung einstellt. Bei solchen Motoren kann der Vollhubpunkt für die Einstellung der Nockenwellensteuerung verwendet werden. Bei unterschiedlicher Genauigkeit der Nocken und direkter Betätigung von Tassenstößeln oder Kipphebeln ist es jedoch oft viel besser sicherzustellen, dass die Ventilspiele korrekt sind und dass die Nockenwellensteuerung auf Auslassöffnung (unter Verwendung der ersten 0,025 mm tatsächlicher Ventilbewegung) und Einlassschließung (unter Verwendung der letzten 0,025 mm Ventilbewegung) eingestellt wird. Der Einlassöffnungspunkt und der Auslassschließpunkt können außer Acht gelassen bleiben, und die Steuerung jeder Nockenwelle ist unter Verwendung des vorgegebenen Einlassschließ- und Auslassöffnungspunktes als Bezugspunkte einzustellen. Wichtig ist, dass der genaue Öffnungs- und Schließpunkt nur als Bezugspunkt verwendet wird, von dem aus die Nockenwellen-

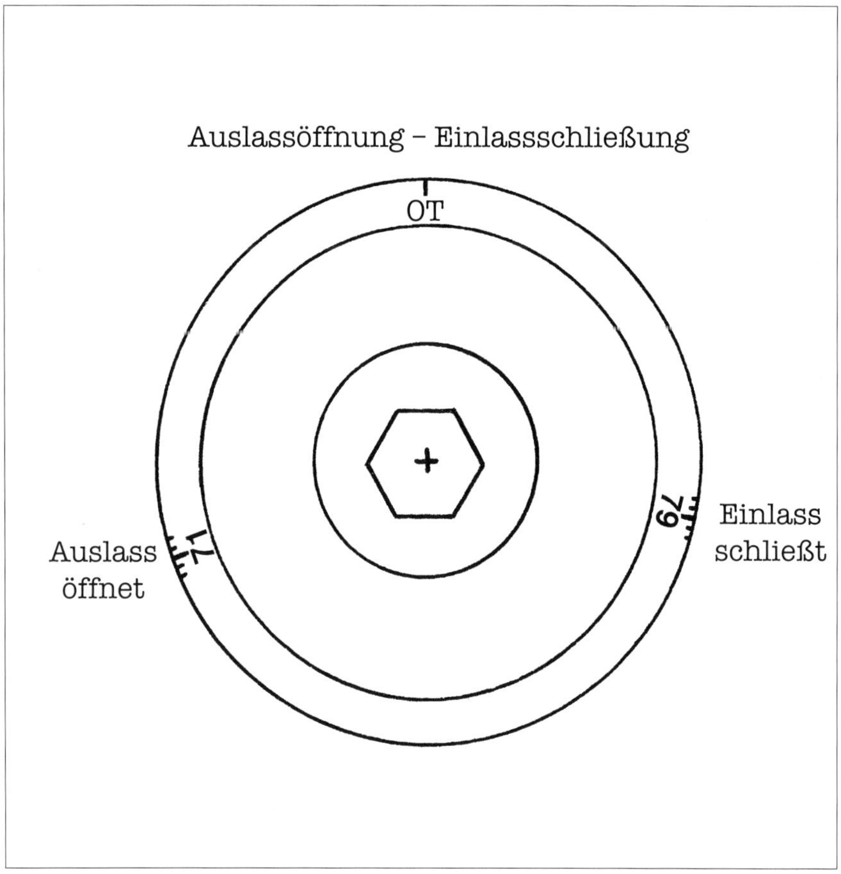

Riemenscheibe, auf der sich nur die vom Hersteller der Nockenwelle vorgegebenen Auslassöffnungs- und Einlassschließpunkte befinden (die Zündsteuermarkierungen sind nicht dargestellt, wären aber normalerweise auch hier zu finden). Das ist die empfohlene Methode.

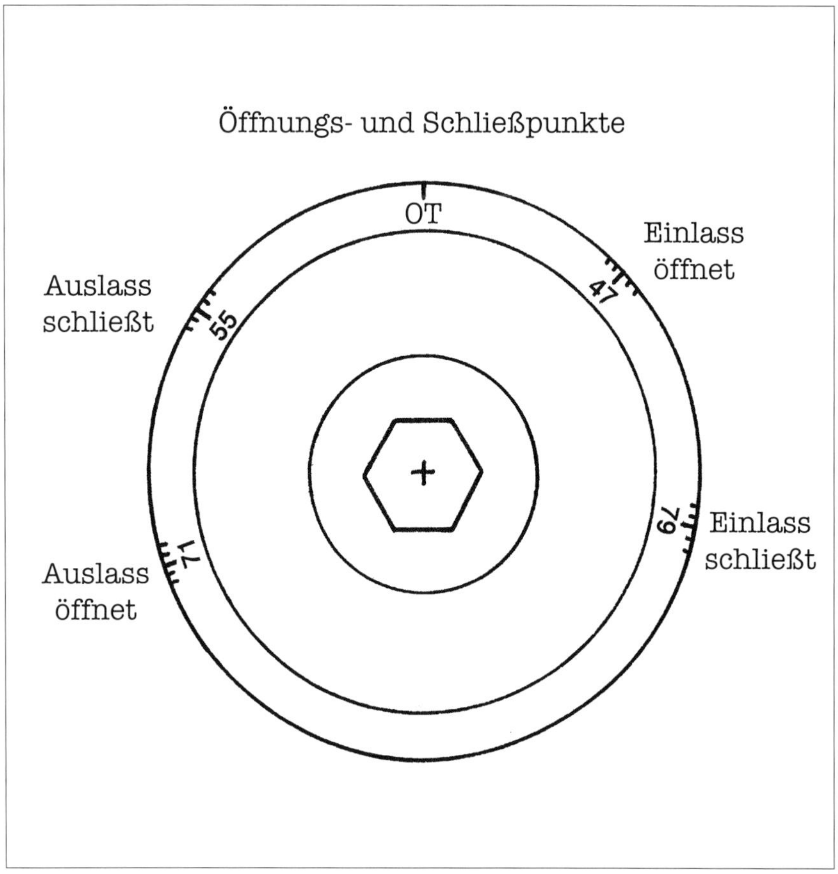

Riemenscheibe, markiert mit den Öffnungs- und Schließpunkten für Einlass und Auslass (die Zündsteuermarkierungen sind nicht dargestellt, wären aber normalerweise auch hier zu finden).

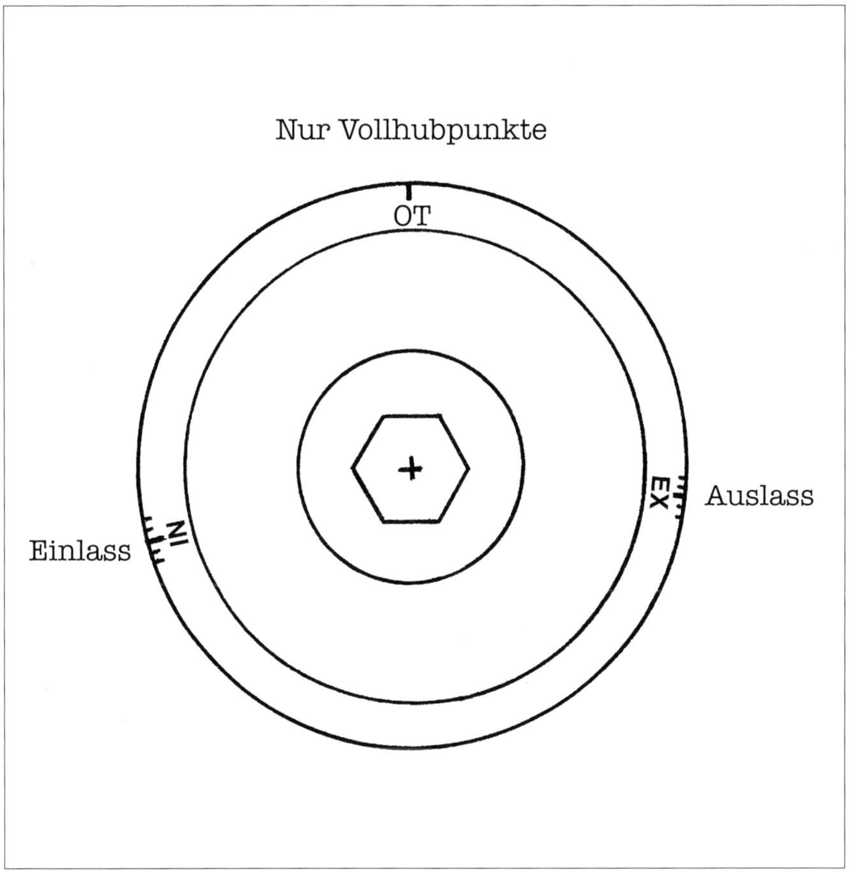

Riemenscheibe, auf der sich nur die vom Hersteller der Nockenwelle vorgegebenen Auslassöffnungs- und Einlassschließpunkte befinden (die Zündsteuermarkierungen sind nicht dargestellt, wären aber normalerweise auch hier zu finden). Das ist die empfohlene Methode.

steuerung verschoben wird, um die beste Steuerung für optimale Motorleistung zu finden.

Obwohl viele Hersteller und Schleifer die Verwendung des Vollhubpunktes für die Einstellung der Steuerung empfehlen, kann Leistung verloren gehen, wenn das Auslassventil später als vorgegeben (oder auch zu früh) geöffnet wird. Werden Motoren entsprechend den Spezifikationen des Herstellers gesteuert, laufen sie immer gut – aber eben möglicherweise nicht ganz so gut wie sie könnten. Die einzige Möglichkeit, um herauszufinden, ob sie besser laufen könnten, ist die Einstellung der Steuerung auf Vor- oder Nacheilung gegenüber der Originaleinstellung.

Es ist eine gute Idee, die Nockenwellensteuerung mit der empfohlenen Vollhubposition zu synchronisieren und anschließend die Öffnungs- und Schließpunkte der Nockenwellen zu überprüfen. Wenn alles den Vorgaben entspricht, spielt es keine Rolle, durch welches Verfahren die Nockenwellensteuerung eingestellt wird. Liegen Öffnungs- und Schließpunkte gegenüber den vorgegebenen Maßen jedoch zu früh, ist das keineswegs gleichgültig. Dann ist es ratsam, die Nockenwellen auf die empfohlenen Vollhubpositionen zu synchronisieren und den Motor zu testen. Anschließend ist der Motor erneut zu testen, diesmal mit den Nockenwellen synchronisiert mit Auslass-Öffnungspunkt und Einlass-Schließpunkt. Jene Einstellungen, die das beste Motorverhalten für die jeweiligen Erfordernisse ergeben, sollten verwendet werden.

Ein guter Grund für die Verwendung der Auslass-Öffnungs- und Einlass-Schließpunkte als Bezugspunkte für die Steuerung der Nockenwellen ist der, dass so der negative Effekt schlecht geschliffener Nockenwellen ausgeglichen wird. In einer perfekten Welt, in der jede Nockenwelle perfekt geschliffen wäre, wäre die Synchronisation mit dem maximalen Hub die ideale Einstellung. Dann wäre es leicht, die Nockenwellensteuerung auf Vor- oder Nacheilung einzustellen, bis die beste Motorleistung durch Tests gefunden wird. Allerdings sind Nockenwellen allzu oft nicht genau geschliffen und durch die Verwendung des Vollhubpunktes für die Synchronisation kann der tatsächliche Öffnungspunkt (die ersten 0,025 mm Ventilbewegung) 3 bis 5 Grad vor den vorgegebenen Öffnungs- und Schließpunkten sowohl der Auslass- als auch der Einlassöffnungszeit liegen.

Ein weiterer Grund für die Verwendung der ersten 0,025 mm des Nockenfolgerhubs für die Auslassöffnung und der letzten 0,025 mm Ventilbewegung ist die manchmal auftretende Schwierigkeit, einen Messuhr-Taststift weit genug in die Nockenfolgerbohrung zu bekommen. Einige der kleineren Motoren mit vier Ventilen pro Zylinder haben Nockenfolger mit sehr kleinen Durchmessern und große Nockenwellen- und Zylinderkopfgussteile.

Es wird empfohlen, den Schwingungsdämpfer res-

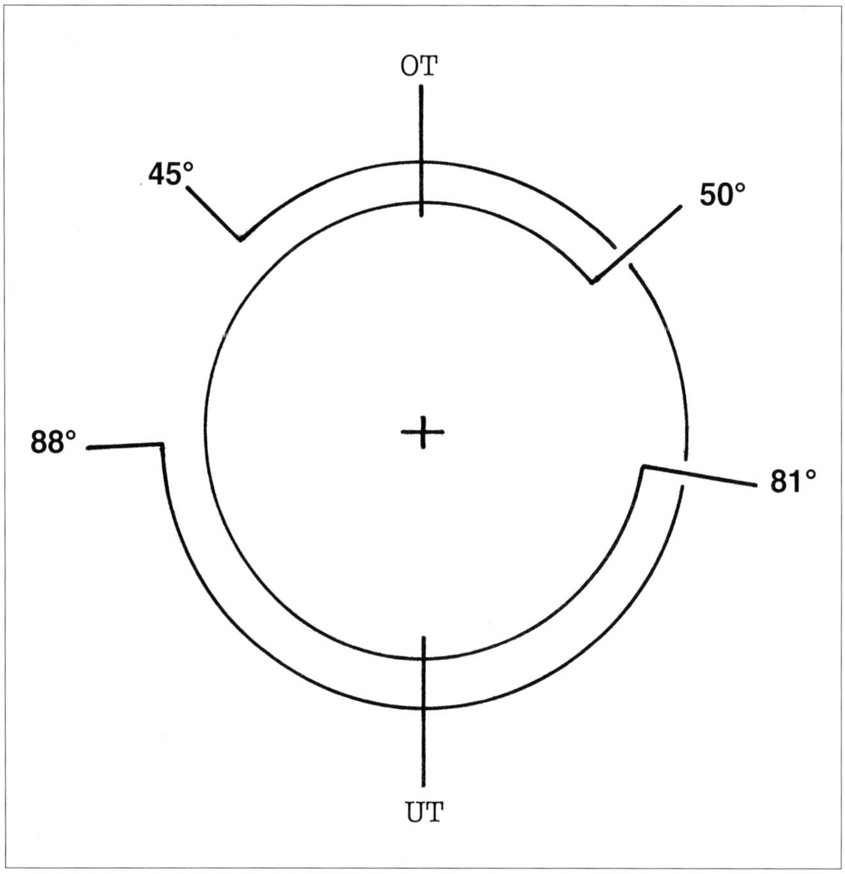

Beispiel für Steuerzeiten

pektive die Riemenscheibe der Kurbelwelle mit dem vom Nockenwellenhersteller vorgegebenen Auslass-Öffnungspunkt und Einlass-Schließpunkt der Ventile des Zylinders 1 zu markieren. Anschließend wird die Riemenscheibe bei 2 und 4 Grad nach dieser Markierung für den Auslass und 2 und 4 Grad davor für den Einlass markiert. Als Beispiel dient ein Motor mit einer Nockenwelle, die folgende Öffnungs- und Schließpunkte aufweist: 47-79-71-55. Der Auslass-Öffnungspunkt liegt entsprechend der Spezifikation bei 71 Grad, und die zusätzlichen Gradmarkierungen bedeuten, dass die Punkte 67, 69, 73 und 75 vor UT am Schwingungsdämpfer oder an der Riemenscheibe der Kurbelwelle markiert sind. Der vorgegebene Einlass-Schließpunkt lautet 79 Grad nach UT, und die Gradpunkte 75, 77, 81 und 83 nach UT für den Einlass-Schließpunkt müssen auf der Riemenscheibe markiert werden.

Man hat die Wahl im Hinblick auf die Methoden, das Ziel bleibt aber bei allen gleich: die für den individuellen Motor und die individuelle Nutzung optimale Nockenwellensteuerung. Bei DOHC-Motoren mit Synchronriemen und einstellbaren Steuerriemenscheiben mit Nonius lässt sich die Steuerung normalerweise sehr einfach ändern (innerhalb von Minuten). Die erneute Synchronisation von ketten- oder zahnradgetriebenen Nockenwellen erfordert mehr Zeit, da alles eingehaust ist, und die Methode zur Änderung der Nockenwellensteuerung unterscheidet sich. Wenn sich mit anderen Einstellungen keine Verbesserung der Motorleistung ergibt, sollte die empfohlene Einstellung des Nockenwellenherstellers beibehalten werden, egal, ob sie auf dem Vollhub oder auf den Einlass-Schließ- und den Auslass-Öffnungspunkten beruht.

Die abgebildeten Beispiele zeigen einen im Uhrzeigersinn rotierenden Motor (bei weitem am häufigsten anzutreffen). Bei einem entgegen den Uhrzeigersinn rotierenden Motor wären die Steuerzeitpunkte umgekehrt (was links dargestellt ist, wäre dann auf der rechten Seite). Die beiden Linien auf jeder Seite der Hauptmarkierung liegen bei 2 und 4 Grad.

Bei einem reinen Rennsportmotor, der bis 9000/min gedreht werden kann, müssen sich die Auslassventile selten eher als 80 Grad vor UT öffnen, und bei einem schnellen Straßenmotor müssen sie selten später als 65 Grad vor UT öffnen. Dies ergibt also einen Bereich von 15 Grad zwischen den „schärfsten“ und den „sanftesten“ Motoren. Die Einlassventile würden normalerweise nicht später als 80 Grad nach UT geschlossen und müssen wirklich nicht eher als 65 Grad nach UT geschlossen werden, was einen 15-Grad-Bereich für die Einlass-Schließpunkte ergibt.

Bei Saugmotoren ist der 80-Grad-Wert das Maximum, das in Betracht gezogen werden kann, bevor Drehmoment und Leistung verloren gehen. Das bedeutet, dass man sich nicht zu viele Gedanken über die Einlass-Öffnungspunkte oder die Auslass-

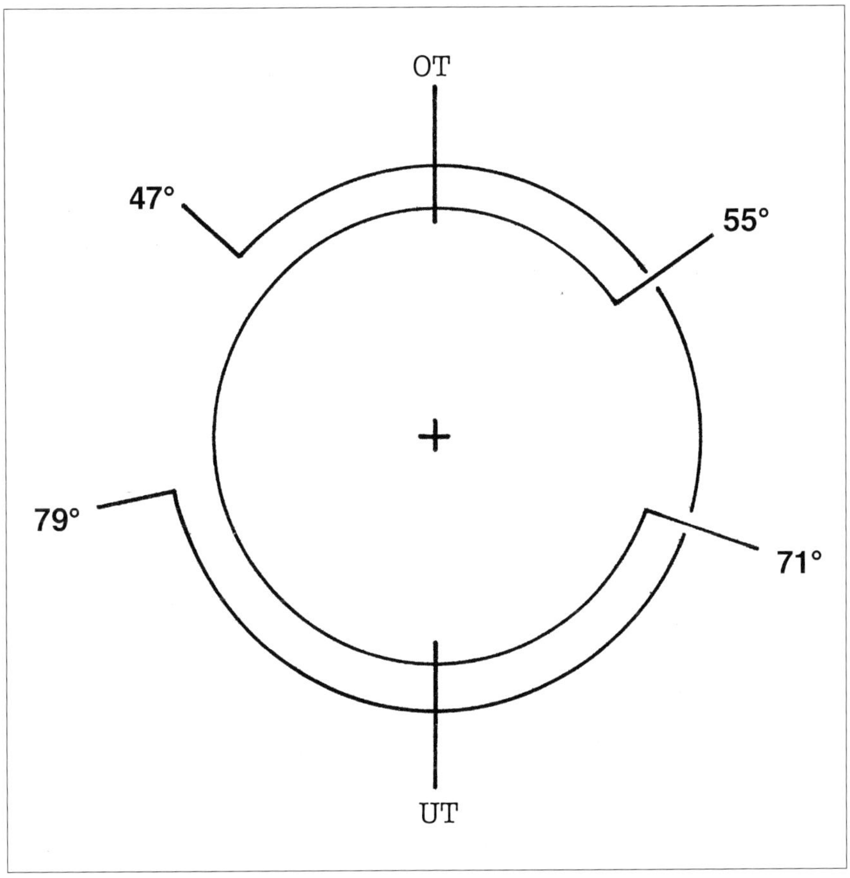

Beispiel für Steuerzeiten

Schließpunkte machen muss – abgesehen von der Überprüfung des ausreichenden Abstands zwischen Kolben und Ventil während dieser Phase des Nockenwellentakts.

Die Nockenwellenüberschneidung, also jene Zeit, in der das Auslassventil gerade schließt und das Einlassventil gerade öffnet, ist eine vollkommen separate Komponente der Nockenwellen-Steuerzeiten. Trotzdem ist es ratsam, die Öffnungszeiten der Nockenwellen zu überprüfen, um festzustellen, ob sie den vom Hersteller angegebenen Spezifikationen genau entsprechen.

Für die Überprüfung oder Justierung der Nockenwellensteuerung müssen natürlich die Ventilspiele absolut genau eingestellt werden (bis auf eine Toleranz von 0,025 mm über alle Nocken).

Ein Messuhr-Taststift wird direkt auf den Stößel des Ein- oder Auslassventils von Zylinder 1 positioniert, und die ersten 0,025 mm der Nockenfolgerbewegung beim Öffnen des Auslassventils respektive die letzten 0,025 mm der Einlass-Schließbewegung werden für die Einstellung der Steuerung für das Schließen des Einlasses verwendet. Diese Methode der Synchronisation ist tatsächlich sehr genau und gewährleistet Ergebnisse, die mehr den Öffnungszeiten entsprechen, mit denen Hersteller und Schleifer werben. Die tatsächliche Überschneidung kann eventuell um ein paar Grad (3 oder 4) unter den in der Werbung angegebenen Werten liegen, aber dies ist im Allgemeinen kein Grund zur Sorge. Auf alle Fälle ist die Vollhubposition zu kontrollieren und zu verwenden, wenn dies bevorzugt wird. So oder so wird jeder Messpunkt als Bezugspunkt für weitere Justierungen verwendet.

Der Vorteil der Ventilanordnung mit zwei Nockenwellen gegenüber Ventilanordnungen mit einer Nockenwelle ist der, dass Einlass- und Auslassseite unabhängig voneinander verstellt werden können. Dies ist bei einem Motor mit einer Nockenwelle nicht möglich, außer im Schleifstadium. In der Schleifphase wird dieser Vorgang „Nockenphasenabgleich“ genannt (Beziehung zwischen den Einlass- und Auslassnocken), und nachdem die Nockenwelle geschliffen wurde, kann er nicht mehr verändert werden (außer durch erneutes Schleifen der Nockenwelle).

In vielen Fällen kann das Auslassventil bei 70 bis 75 Grad vor UT geöffnet werden, selbst bei Rennsportmotoren, die 9000/min drehen. Dies ist ziemlich spät für die Auslassventilöffnung, aber ideal für die Erzeugung von maximalem Drehmoment.

Vorsicht! – Es muss immer überprüft werden, wie viel Abstand zwischen Kolben und Ventil beim Schließen des Auslassventils vorhanden ist, da der Abstand zwischen Kolben und Ventil umso kleiner wird, je mehr die Auslassnockenwelle nacheilt.

Der Unterschied eines Vierventilers mit bestens bearbeiteten Kanälen zu einem gut modifizierten Zweiventiler: Bei letzterem, der weniger effizient ist, muss das Auslassventil schlicht eher geöffnet werden als beim Motor mit vier Ventilen. Es gilt, die Abgase auszuleiten, bevor der Kolben wieder mit Macht emporsteigt und sich ansonsten gegen den noch herrschenden Druck stemmen müsste. Wird das Auslassventil zu spät geöffnet, auch nach dem unteren Totpunkt, wird der steigende Kolben gebremst und Leistung und Drehmoment leiden.

Als praktisches Beispiel für den volumetrischen Wirkungsgrad des Zylinderkopfes mit vier Ventilen pro Zylinder soll uns jener Ford-Vierzylinder-Motor dienen, der als Pinto oder schlicht als OHC bekannt ist und in zahlreiche Ford-Modelle eingebaut wurde. Nehmen wir einen Pinto mit seiner einzelnen obenliegenden Nockenwelle sowie serienmäßigem Zylinderkopf mit bearbeiteten Kanälen, großen Ventilen (44,5 mm Einlass, 38 mm Auslass) und einer GP1-Nockenwelle sowie zwei 45-mm-Weber-Flachstromvergasern. Das ist ein anerkannt guter Motor mit einer Leistungskurve, die bei 7200/min flach auszulaufen beginnt. Die Nockenwellensteuerzeiten liegen bei 45-88-81-50. Mit geänderter Steuereinstellung (um 3 Grad nacheilend) öffnen die Auslassventile bei etwa 81 Grad vor UT (was für die beste Gesamtmotorleistung in Ordnung ist). Die empfohlenen Steuerzeiten des Nockenwellenschleifers lauten 48-85-84-47, aber der Motor läuft mit diesen Einstellungen nicht so gut.

Der gleiche Motor wird dann mit einem Sierra-Cosworth-Zylinderkopf (vier Ventile pro Zylinder) mit bearbeiteten Kanälen ausgestattet, der eine geringere Kompression (11:1 statt 12,5:1) hat. Es werden die gleichen Vergaser eingesetzt und L1-Nockenwellen mit Steuerzeiten bei 47-79-71-55. Der Motor erzeugt damit eine ausgezeichnete Leistung bis 7500/min (höher dreht der Testmotor wegen eines Begrenzers nicht, aber die Leistung nimmt bei 7500/min noch zu ...). Der Leistungsunterschied ist dramatisch. Das Drehmoment ist besser, weil mit Vierventilkopf der Zylinderdruck zehn weitere Grad lang auf den Kolbenboden wirkt und trotzdem der Zylinder wegen der höheren Effizienz der Ventile und der Kanäle viel besser entleert wird als bei der Version mit Pinto-Kopf.

Außerdem verbrennt wegen des höheren volumetrischen Wirkungsgrades des Motors auch mehr Luft-Kraftstoff-Gemisch im Zylinder und erzeugt mehr Leistung. Dies dient als Nachweis der Effizienz, da nicht nur mehr Gas ausgestoßen werden muss, sondern viel effizienter ausgestoßen wird, obwohl es 10 Grad später freigesetzt wird. Wenn die Gase nicht effizient ausgestoßen werden könnten, wäre der Motor nicht in der Lage, ein derartiges Drehmoment respektive eine solche Leistung zu entwickeln Die Auslassöffnung bei etwa 71 Grad vor UT ist für den verwendeten Drehzahlbereich genau richtig. Bei Einstellung auf 66 Grad sinkt die Leistung oberhalb von 7000/min, ist bis dahin vielleicht gar geringfügig besser, aber sehr niedrig im unteren Drehzahlbereich (2000 bis 4000/min). Wenn der Motor für 81 Grad Auslassöffnung eingestellt wird, erweisen sich Antriebs- und Gesamtmotorleistung als weniger gut, weil es an Drehmoment mangelt.

Ganz gleich, auf welche Weise die Ventilsteuerung eingestellt wird – Ziel der Übung bleibt sicherzustellen, dass sich die Nockenwellen in der bestmöglichen Position befinden. Einige Motoren sind nicht sehr empfindlich, was die Position der Nockenwelle angeht, andere reagieren auf Nuancen, und oft machen 1 bis 2 Grad einen großen Unterschied aus.

KAPITEL 9

Motortests

Auf der Suche nach mehr Leistung lassen sich Motoren auf verschiedene Weise testen. Lassen sich aber die Ergebnisse einer jeder Einstellung nicht vernünftig auswerten, ist es nicht sehr wahrscheinlich, dass große Fortschritte erzielt werden. Erforderlich ist ein Prüfverfahren, dass in jeder Hinsicht einheitlich und leicht wiederholbar ist. Das klingt nach einer schwierigen Aufgabe – und kann es auch sein. Wichtig aber ist vor allem, dass der Motor bei jeder Prüfung auf die gleiche Weise belastet wird. Die Nockenwellensteuerung kann auf experimenteller Grundlage geändert werden, um wichtige Eigenschaften des Motors zu verbessern, also etwa das Drehmoment und dessen Verlauf.

Rollenprüfstand

Der Rollenprüfstand ist eine Möglichkeit zur Prüfung der Motorleistung. Allerdings geht natürlich nichts über den Test des Motors unter Alltagsbedingungen. Wenn ein Motor auf dem Rollenprüfstand betrieben wird, bedarf es der genauen Interpretation der gesammelten Daten und der Entscheidung, ob etwas und was geändert gehörte. Die abschließende Analyse sollte stets ein erfahrener Motorenfachmann vornehmen. Der Rollenprüfstand ist nichts weiter als ein Laufband, er verrät nicht, was bei der Suche nach optimaler Leistung und mehr Drehmoment am Motor geändert werden sollte. Dass der Motor eines Autos auf dem Rollenprüfstand eingestellt wurde, bedeutet nicht, dass maximale Leistung und Gesamteffizienz erreicht wurden.

Wie das geht, weiß nur der Motorenfachmann, nicht der Rollenprüfstand. Der ist zwar in der Regel bestens ausgestattet, etwa für die wissenschaftliche Analyse des CO-Wertes (Luft-Kraftstoff-Verhältnis) oder mit einem Oszilloskop für die Funkenintensität (kV). Es ist gut und schön, die Leistung ablesen zu können, aber trotzdem muss noch jemand entscheiden, was verbessert werden kann und wie das getan werden sollte, und der es anschließend auch wirklich tut. Darum brauchen viele Motoren-Tuner keinen Rollenprüfstand, um sehr gute Ergebnisse zu erzielen, und darum sind die Resultate vieler Betreiber von Rollenprüfständen nicht so gut, wie sie denken. Motor-Tuning ist nicht einfach, es gibt viele Einflussfaktoren. Wird einer übersehen, läuft der Motor nicht so gut wie er könnte. Eine Kombination aus einem sehr guten Motoren-Tuner und einem richtig kalibrierten Rollenprüfstand ist kaum zu schlagen. Der Trick besteht darin, beide an einem Ort zu finden.

Der Rollenprüfstand in den richtigen Händen ist ohne Zweifel ein ausgezeichnetes Gerät, aber es gibt bei Rollenprüfständen Variablen, etwa die Lastsimulation für den Windwiderstand. Selbst auf zwei identischen und korrekt kalibrierten Rollenprüfständen lassen sich deutlich unterschiedliche Leistungswerte für ein und denselben Motor ausgeben. Der springende Punkt ist der: Wird ein Rollenprüfstand für Tuning-Zwecke eingesetzt, sollte jede Messung stets auf diesem einen Prüfstand vorgenommen werden, und die Einstellungen sollten bei jedem Test des Autos exakt die gleichen sein. Das Testen eines Autos auf verschiedenen Rollenprüfständen ist komplette Zeitverschwendung.

Die Betreiber von Rollenprüfständen geben übrigens praktisch immer ehrlich ermittelte Werte an – allerdings sehen die oft nicht so aus, wie sie die Autobesitzer gerne hätten. Nur wenige Motoren sind so gut wie ihre Besitzer behaupten, und so wird schnell übertrieben, wenn es um PS-Zahlen geht. Die eigentlichen Verlierer sind am Ende zwar die Fahrzeugbesitzer, aber glücklich sind die Unwissenden.

Allzu oft wird ein Motor auf möglichst große Maximalleistung hin getunt, während das Drehmoment im mittleren Drehzahlbereich außer Acht bleibt. Maximale Leistung ist gut und schön, aber nicht unbedingt der entscheidende Faktor, wenn der über die Gänge hinweg benötigte Drehzahlbereich des Motors etwa 4000/min überspannen muss.

Test auf der Rennstrecke oder auf der Straße

Das Testen einer Motor-Auto-Kombination direkt auf der Rennstrecke oder – bis zu einem gewissen Maß – auf der Straße (halten Sie Geschwindigkeitsbegrenzung ein) ist eine weitere Möglichkeit. Auch auf öffentlichen Straßen lassen sich für den Straßenverkehr zugelassene Autos gut testen, ohne dass übermäßig hohe Geschwindigkeiten gefahren werden. Natürlich dürfen reine Rennsportfahrzeuge nur auf der Rennstrecke erprobt werden.

Warnung! – Wenn es um Testfahrten mit hohen Geschwindigkeiten geht, sind öffentliche Straßen natürlich tabu. Es gibt Alternativen: So lassen sich Rennstrecken mieten oder ausreichend große Privatgelände. Leben und Gesundheit der eigenen Person und anderer dürfen niemals gefährdet sein.

Warnung! – Es ist immer ein Feuerlöscher im Fahrzeug mitzuführen, und ein Test darf nie allein ausgeführt werden. Es sollten immer ein oder zwei Leute in der Nähe sein, die sofort Hilfe leisten können, wenn Dinge schief gehen. Ein Mobiltelefon sollte an jedem Testtag dabei sein. Manchmal kann es hilfreich sein, einen Helfer während des Tests im Fahrzeug zu haben (bei Fahrzeugen mit mindestens zwei Sitzen), der die Stoppuhr betätigt und die Drehzahl notiert. So kann sich der Fahrer aufs Fahren und auf die Kontrolle über das Fahrzeug konzentrieren. Es ist sicherzustellen, dass die Sitze im Auto sicher befestigt sind, dass die Sicherheitsgurte den Vorschriften entsprechen und dass sowohl der Fahrer als auch der Beifahrer fest angeschnallt sind. Obwohl es sich um Tests auf gerader Strecke handelt, dürfen keine Risiken eingegangen werden.

Es kann keinen besseren Test der Motorleistung geben als die Prüfung der Beschleunigung im obersten Gang über eine festgelegte Distanz (beginnend, sobald der Motor in sein Leistungsband eintritt, anschließend den Motor von dort bis fast zum Ende des Leistungsbandes laufen lassen). Dabei sind die Zeit zu notieren, die für das Zurücklegen der Strecke benötigt wurde, und die Drehzahl, die der Motor am Ende der festgelegten Distanz erreicht hat.

Ist etwa bekannt, dass sich das effektive Leistungsband des Motors von 3500/min bis 7500/min erstreckt, wäre es ideal, wenn man sich einer Markierung, etwa einem Kegel, am Streckenrand mit konstant 3500/min im höchstem Gang nähert und, sobald das Auto die Stelle passiert, Vollgas gibt und die Stoppuhr startet. Ein zweiter Markierungspunkt wird etwa dort aufgestellt, wo geschätzt die 7000/min erreicht sind. Passiert das Auto Markierung Nummer zwei, wird die Stoppuhr angehalten und die aktuelle Drehzahl notiert. Eventuell muss man ein paar Probeläufe machen, um die genaue Entfernung für die zweite Markierung zu finden. Solange die Distanz zwischen den Markierungen und die Testergebnisse notiert werden, können später nach Veränderungen und Wiederholung des Tests wirkliche Vergleiche durchgeführt werden. Wird etwas an der Einstellung des Motors geändert, lässt sich der Wagen anhand der ermittelten Werte testen. Das Auto legt die Strecke entweder schneller, langsamer oder in der gleichen Zeit zurück, die Drehzahl ist höher, niedriger oder gleich. Wie auch immer – so lässt sich herausfinden, ob das Tuning funktioniert oder nicht.

Wenn man nach dem Test über die volle Distanz nicht sicher ist, ob das Auto besser läuft, ist der Drehzahlbereich zu senken. Die Beschleunigung des Autos ist zwischen 3500 und 4500/min zu testen. Man verwendet einfach einen dritten Markierungskegel, der in einer kürzeren Distanz angeordnet wird und nutzt genau dieselbe Testmethode. Erfahrene Fahrer werden Unterschiede in der Beschleunigung ziemlich genau erfühlen können, aber im Interesse aufzeichenbarer Ergebnisse ist es ratsam, den Zeittest anzuwenden.

Die Markierungen können so positioniert werden, wie es am besten passt. Die Tatsache, dass das Auto im höchsten Gang fährt, bedeutet, dass keine Gangwechsel das Testergebnis beeinflussen. Derartige Tests sind sehr brauchbar, da sie einfach sind und das Auto selbst als Prüfstand dient. Es gibt keine Spekulationen mit Lastfaktoren oder anderen Einflüssen. Es ist eine einfache Messung, wie effektiv der Motor das Auto antreibt.

Die goldene Regel des Motor-Tunings lautet: Man ändere stets nur eine Sache auf einmal und teste dann den Motor auf die Wirksamkeit hin. Werden mehrere Dinge gleichzeitig eingestellt, lässt sich nicht ermitteln, welche Einstellung was bewirkt hat.

Erfahrung ist natürlich hilfreich. Wer schon mehrere Motoren des gleichen Typs getunt hat, wird bewährte Einstellungen einfach übernehmen können. Dennoch sollte auch dann getestet werden, um Vergleichsaussagen zu erhalten: „Der andere Motor lief ein bisschen besser als dieser in einem gleich schweren Auto." Oder: „Dieser Motor läuft besser als der andere, aber dieses Auto ist 100 Kilogramm leichter und länger übersetzt."

Beschleunigungsrennen

Drag-Racing, also reine Beschleunigungsrennen, sind echte Härtetests, die Defizite erbarmungslos aufzeigen. Autos, die im Drag-Rennen wettbewerbsfähig sein sollen, müssen Motoren haben, die über den gesamten Drehzahlbereich Leistung liefern. Es sind reine Rennen gegen die Uhr. Wer Zeit verliert, etwa weil er sich verschaltet, kann das nicht wieder gutmachen. Insgesamt muss der Fahrer sehr erfahren im Starten und im Schalten sein. Dieser Test ist nicht so gut wie der im höchsten Gang, weil er Variablen beinhaltet, etwa die Gangwechsel. Er ist also nicht einheitlich, weil jeder Start mehr oder weniger gut gelingt. Jeder Fehler schlägt sich umgehend in schlechteren Zeiten gegenüber gleichstarken Autos nieder.

Einstellungen für die Nockenwellensteuerung (maximal 4 Grad Vor- oder Nacheilung) können ausprobiert und getestet werden. Es ist egal, welche die endgültige Einstellung ist, solange sichergestellt ist, dass der Motor für die gewählte Art der Anwendung passend eingestellt ist.

Insbesondere bei obengesteuerten Motoren (OHV-Motoren) kann die Justierung der Nockenwellensteuerung und deren Erprobung eine zeitraubende Angelegenheit sein, da die meisten Steuerketten-Gehäusedeckel nicht leicht auszubauen sind und es schwierig sein kann, sie wieder öldicht zu bekommen. Oft ist aber die Modifizierung des Deckels möglich. Eine Wartungsöffnung mit leicht abnehmbarem Deckel gestattet den Zugang zum Kettenrad oder zum Zahnrad der Nockenwelle. Ist der Deckel gut konstruiert, gibt es keinen Grund, warum eine Nockenwelle nicht innerhalb von 20 bis 30 Minuten eingestellt und das Auto wieder für die Fahrt bereit sein sollte, was bei einem Drag-Rennen nützlich ist.

Die Zeit für die nächste Viertelmeile und die Geschwindigkeit liefern die Informationen, ob die richtigen Einstellungen vorgenommen wurden, aber gleichmäßiges Fahren ist ebenso wichtig.

Viele Leute halten das Drag-Racing für keine besonders anspruchsvolle Art des Motorsports. Das ist eine Fehleinschätzung. Wer auf der Viertelmeile gut sein will, muss fahren können und sein Auto extrem gut präpariert haben. Beim Drag-Racing habe ich erst richtig gelernt, mit der Schaltung meines selbstgebauten Rundstrecken-Sportwagens umzugehen – jetzt muss erst einmal einer kommen, der die Gänge schneller schaltet. Letztlich ging ich so weit, die Kupplung, das Kupplungspedalgestänge, das Getriebe und den Schaltmechanismus für noch schnellere Gangwechsel zu optimieren. Kein Auto ähnlichen Typs konnte es mit meinen Zeiten oder meiner Top-Geschwindigkeit aufnehmen.

Übrigens kam ich zu dieser Sorte Rennsport, weil sich in der Nähe eine entsprechende Strecke befand und dort regelmäßig Wettkämpfe ausgetragen wurden. Immer wieder versuchte ich, meine jüngste Bestzeit noch zu unterbieten, und ständig war ich auf der Suche nach Verbesserungsmöglichkeiten am Auto. Ich ließ auch Freunde mein Auto fahren, aber keiner von ihnen konnte meine Zeit schlagen. Das lag vor allem am schnellen Schalten. Ich bin mir aber völlig sicher, dass sie mich mit etwas Übung geschlagen hätten, weil sie die besseren Fahrer waren.

Motorenprüfstand

Bleibt zum Schluss der Test auf einem Motorprüfstand. Diese Geräte bieten gute Voraussetzungen dafür, Motoren miteinander zu vergleichen, und dafür, mittels Vergleichstests Fehler aufzuspüren. Zweifellos wird ein prüfstandgetesteter und korrekt eingestellter Motor in den Händen eines fähigen Tuners erst richtig gut werden.

Ein Testlauf auf einem Motorprüfstand ist allerdings ziemlich aufwändig und nicht in fünf Minuten zu erledigen. Der Motor muss aus dem Auto ausgebaut werden und möglicherweise noch zur Werkstatt mit dem Prüfstand transportiert werden. Er will in den Prüfstand installiert sein, dann hochgefahren und schließlich getestet. Anschließend geht das Ganze in umgekehrter Reihenfolge wieder vonstatten, und es folgt der Test im Auto. Dies ist ein beträchtlicher Aufwand, und manchmal ist die Belohnung dürftig. Normalerweise wird sich aber der Betrieb, in dem der Motor aufgebaut wurde, auch um die Einstellung und um alle Tests gekümmert haben, so dass am Ende ein Motor die Werkstatt verlässt, von dem alle relevanten Daten bekannt und belegt und dessen Leistung und Zuverlässigkeit gewährleistet sind.

Weitere interessante Technik-Titel

112 Seiten, ca. 300 Abbildungen,
215 x 302 mm, gebunden
ISBN: 978-3-89880-349-6
EUR 24,95

112 Seiten, ca. 150 Abbildungen
und Illustrationen, 215 x 302 mm,
gebunden
ISBN 978-3-86852-375-1
EUR 19,95

136 Seiten, ca. 180 Abbildungen
und Illustrationen, 215 x 302 mm,
gebunden
ISBN 978-3-86852-030-9
EUR 24,95

128 Seiten, ca. 50 Abbildungen,
210 x 297 mm, gebunden
ISBN 978-3-86852-611-0
EUR 19,99

Unser komplettes Programm erhalten Sie im Buchhandel oder unter www.heel-verlag.de